千古生命史

千古生命史

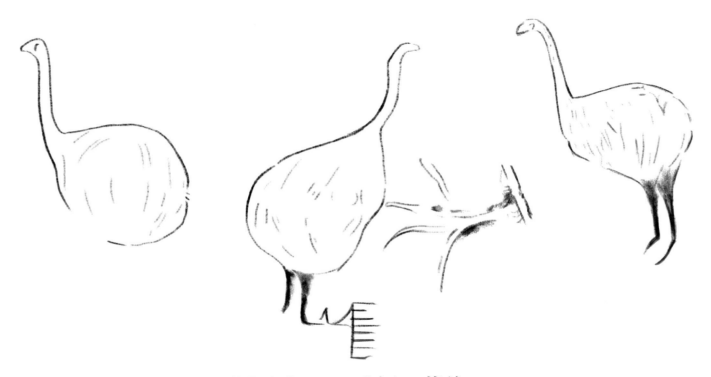

[英]马克·P.威顿　著绘

谢心言　译

姚锦仙　审定

世界图书出版公司

北京·广州·上海·西安

图书在版编目（CIP）数据

千古生命史 / (英) 马克·P.威顿著绘；谢心言译. — 北京：世界图书出版有限公司北京分公司, 2022.10
书名原文：Life Through the Ages
ISBN 978-7-5192-8804-4

Ⅰ.①千… Ⅱ.①马… ②谢… Ⅲ.①生物 - 进化 - 普及读物 Ⅳ.①Q11-49

中国版本图书馆CIP数据核字(2021)第148811号

书　　名：千古生命史
　　　　　QIANGU SHENGMINGSHI
著　　者：[英]马克·P.威顿
译　　者：谢心言
审　　定：姚锦仙
责任编辑：吴叹　程曦
出版发行：世界图书出版有限公司北京分公司
地　　址：北京市东城区朝内大街 137 号
邮　　编：100010
电　　话：010-64038355（发行）
　　　　　64037380（客服）
　　　　　64033507（总编室）

网　　址：http://www.wpcbj.com.cn
邮　　箱：wpcbjst@vip.163.com
销　　售：新华书店
印　　刷：三河市国英印务有限公司
开　　本：787 mm × 1092 mm　　1/12
印　　张：14
字　　数：105 千字
版　　次：2022 年 10 月第 1 版
印　　次：2022 年 10 月第 1 次印刷
版权登记：01-2020-7692
国际书号：ISBN 978-7-5192-8804-4
定　　价：138.00 元

目 录

鸣　谢

投身于科学的人都是站在成百上千前人的肩膀上的。我们受益于许许多多的总结性著作，这些著作则代表着成百上千的个人研究工作的集合。我要向那些帮助我们揭秘生命史、地球史的人们致谢，也同样感谢那些——往往是在艰难的条件下——致力于认识和修复当下生物多样性危机的人们。想要写出一本关于生命演化的书，就必须去深入感受地球上生命的各个阶段，心系这个星球的未来。我希望阅读本书可以帮助其他人也能体会到我写作时的感受。

我感谢为这本书做出贡献、鼓励我的人们。这部作品得到了下列人的帮助：维多利亚·阿博、内森·巴林、詹姆斯·博伊尔、马库斯·比勒、理查德·巴特勒、薇姬·库勒斯、加里·邓翰、吉姆·法洛、迈克·哈比卜、卢克·豪泽、大卫·霍恩、克里斯蒂·卡默勒、朱利安·凯利、达伦·奈什、费利佩斯·皮涅罗、史蒂夫·斯威特曼、迈克·泰勒、马修·韦德尔以及苏格兰国家博物馆的研究人员。可能还有其他人我忘记提及了：如果你被我忽略了，咱们下次见面时一定要让我请你喝一杯。

我在教育类图书和艺术上的创作力收获了众多赞助者的支持，他们在Patreon. com 上付给我月薪。我由衷地感谢你们为我的人生所做过、并且仍在做出的巨大奉献。我希望这本书能证明你善意的帮助是值得的。

还有我的父母，保罗·威顿和卡罗尔·威顿。各种项目让我愈发繁忙，连假期和周末都被工作侵占，但他们对我这个越来越不常在眼前出现的儿子却一直保持着耐心。（我保证没有在跟你们打电话的时候开着免提工作，真的。）不过还请多关注已经四次因为丈夫写书守活寡的乔治娅·威滕-麦克莱恩，她以某种方式忍受住了我又长又晚的工作时间、我那些关于自己该画该写些什么酷玩意儿的持续不断的碎碎念，并且最后要的回报只是陪她一起看《深空九号》。我的妻子，她真的很棒。但这是咱们的小秘密——可别把这话告诉她。

千古生命史

导　言

在奈特的阴影下

对于作家和画师们来说，地球上的生命往事已经不是个新鲜话题了。这个领域最早的畅销书是弗兰茨·翁格尔于1851年出版的《不同时期的史前世界》(*Die Urwelt in ihren verschedenen Bildungsperioden*)，这是一部里程碑式的杰作，它描述并绘制 (由艺术家约瑟夫·尤瓦瑟供图) 出了环境的变化以及我们这颗星球上那些原初居民。自此之后，同样概念的作品不计其数，分别由不同背景、不同专业水平的作者和画师创作。其中的大部分都被遗忘了，但人们深深铭记着1946年的《万古生命史》(*Life through the Ages*)[1]一书，由于有现代纪念版推出，这本书自首版以来的70多年间仍在印刷。《万古生命史》持续不断的热度几乎完全得益于其作者兼画师，他是有史以来最具声望和影响力的灭绝动物艺术家之一：查尔斯·罗伯特·奈特 (1874—1953)。

今天，我们把奈特看作是一位古生物艺术家：利用古生物学、地质学数据，用对现代自然史的充分理解来填补我们关于史前世界的知识缺口，复原化石动物的样貌和远古环境。虽然奈特的事业囊括了许多自然史课题，但其中最有名、最被人铭记的大概就是他对于史前世界的描述。古生物艺术这个学科和古生物学一样古老，至少可以追溯到1800年。奈特19世纪90年代到20世纪50年代早期的工作，可以说是搭建了古生物艺术在19世纪与20世纪中期——奠基时期与更现代、更成熟时期——之间的桥梁。两个时期间的很多差异都反映出19世纪末期古生物学知识开始迅速积累。19世纪初的古生物艺术家往往只能

根据一些拼凑的化石展开工作，这就导致在复原过程中，尽管他们对于所依据的材料有着极具洞察力的考察，但也并不十分接近他们的目标物种。1800年代晚期，科学家们发现了更完好的化石，受其启发展开的新的复原工作让前辈们的功绩相形见绌。尤其是恐龙，来自美国东北部的博物馆科考队在该国西部有了大量新发现。作为一个生活在19世纪90年代、活动在纽约附近并且年轻而有才华的自然史艺术家，奈特正站在能够利用这些新发现的最佳位置。1894年，一名博物馆员工注意到奈特对为美国自然博物馆的动物和标本绘制速写很有兴趣，便邀请他复原一种有些像猪的灭绝哺乳动物——*Elotherium*[现在称为"完齿豨 (*Entelodon*) "]的样貌。奈特作为古生物艺术家的生涯就此开始，之后，他的人生中有相当长的时间是在以各种艺术形式为灭绝动物做复原。

奈特与美国自然博物馆馆长——亨利·费尔菲尔德·奥斯本密切共事了二十年，后者积极地为奈特的作品宣传。奥斯本认为奈特是博物馆的"招牌"，推广他的作品既可以给博物馆打广告，又能让博物馆的影响力扩展到其他机构。奈特的作品成为了博物馆展览中备受喜爱的一部分，以至于最终在设计展示装置时都参考了他的艺术作品：重要的是让化石标本与他的壁画、插画联系起来，而不是盖过后者。尽管如此，奥斯本仍然首先将奈特看作是一位艺术家，而不是一位独立的科学知识分子。他称奈特为美国自然博物馆所创作的作品称为"奥斯本-奈特复原图"，在某些时候，他会用奈特的作品来表现他对于人类演化的一些特殊的、非主流的观点。虽然奈特和奥斯本发展出了一

---

1. 本书原名为 *Life through the Ages II – Twenty-first Century Visions of Prehistory*，作者希望模仿《万古生命史》的形式，以新的科学发现为基础创作其姊妹篇。如无特殊标注，本书的所有注解均为译者注。

段高产而成功的合作关系，但他们的工作也并非一直那么和谐；二人经常在艺术、科学和作品所有权这些事情上产生分歧。1928年，他们的合作关系走到了尽头，奈特接受了位于芝加哥的菲尔德博物馆的委托。对奈特来说，远离奥斯本可能对他有好处，因为这样就可以证明他无需奥斯本的指导也能产出优秀的古生物作品。但奥斯本认为奈特缺少他的帮助一定会面临重重困难，他以后的作品——包括为菲尔德博物馆和洛杉矶艺术馆所做的壁画——都会受到批评。虽然奥斯本和奈特在工作上分道扬镳，谈不上友好，但二人的友谊还是延续到了1935年奥斯本去世。

　　奈特的名望和在学者之中的声誉使他的作品成为了十九世纪末、二十世纪初古生物艺术品的代表，他似乎成为了某种官方的、有资质的灭绝生物艺术家。虽然奈特只是那一时期的许多古生物艺术家之中的一位，但他是这一学科在那个时代的核心人物。的确，奈特的名声太大，往往会掩盖十九世纪那批最早创造出古生物艺术并为之定型的艺术家的光芒。对有些人来说，奈特就意味着古生物艺术的早期历史，或者至少是唯一值得了解的历史。在早期古生物艺术家中没有这样的先例，他身后的文献让他不仅仅只是一个与多部画作挂钩的名字：他是一位形象丰满的历史人物。除了一本有删减的、在他去世后出版的自传（奈特，2005）之外，艺术集、通讯集和传记记述（泽卡斯和格鲁特，1982；保罗，1996；斯托特，2002；伯曼，2003；米尔纳，2012；莱斯卡兹和福特，2017）都让他的作品和生平更加知名。在美国科学史上，他也是一个反复出现的人物（戴维森，2008；克拉克，2010；萨默，2016），像奥斯本（雷加尔，2002）那样的有影响力。他是到目前为止历史记录最完整的古生物艺术家，其他对于早期古生物艺术同奈特一样重要的人——比如本杰明·沃特豪斯·霍金斯、约瑟夫·尤瓦瑟、爱德华·里乌和兹德涅克·布里安——都因奈特所获得的关注和荣誉而逊色。（我强调这点并不是要呼吁大家减少对奈特的关注，而是一种反思，即我们在看待总体的古生物艺术史时需要有更多一些学术方面的兴趣。对于历史人物的宏大叙事来说，奈特的文献记录相对低调，

而他又是个例外情况，因为其他古生物艺术家的知名度更低，学界也很少对之产生兴趣。）

　　奈特的古生物艺术作品在技艺上相当成熟，显然，他作为传统博物学与动物画师的技巧令他把奇异的灭绝物种与可信的场景结合，这让他的作品在今日也如同一个世纪之前那样吸引人——尽管有些科学上的细节现在已经过时。在其他一些艺术家的作品都被更新、更现代的作品取代之后，他的作品仍在芝加哥、纽约和洛杉矶展出，这印证了他的才华和远见。他的作品引人注目的原因还在于他的视力很差，这是因重度散光和童年的一场事故共同导致的。他在法律上被认为是盲人，只能在一种特殊眼镜的帮助下才能看见东西。他为美国自然博物馆创作的著名壁画是在助手的帮助下完成的，后者将奈特原本尺寸更小的画作重新绘制。

　　奈特通常并不是因为他个人最喜欢的主题或者最符合科学的作品而被人记住。人们讨论最多的是他的恐龙艺术，但他最有吸引力、最具有敏锐的科学洞察力的作品是关于哺乳动物的。他的写作毫不掩饰对创作哺乳动物主题作品的兴致，特别是象类、猫类和早期人类，但他经常轻视非哺乳动物的对象。在《万古生命史》一书中，奈特将亚洲象描述为"伟大的"，（根据一个他很熟悉的人所说）他还称其"完全像一位夫人"（1946，36页），但剑龙（*Stegosaurus*）却是"迟钝家族里的一位愚蠢成员"（14页）（这种对动物智力的傲慢态度在奈特的作品中很常见，无论有意无意，都往往油腔滑调、卖弄幽默）。他在其他书中也表现出了类似的偏见。《历史的破晓之前》（*Before the Dawn of History*, 1935）在文字与绘图上都偏向哺乳动物演化和人类史前史。他1947年的《艺术家和非专业人士使用的动物解剖学与心理学》（*Animal Anatomy and Psychology for Artists and Laymen*）[在1959年该书标题改为了《动物绘画：艺用解剖学与行为学》（*Animal Drawing: Anatomy and Action for Artists*）]中有82页是哺乳动物的解剖、形态和行为，而只有14页是关于鸟、爬行动物和无脊椎动物的。他的最后一本书——《史前人类：伟大的冒险者》（*Prehistoric Man: The Great Adventurer*, 1949）

奈特的雷龙 (*Brontosaurus*) 插图，来自《万古生命史》(1949)。奈特最为人所知的可能就是他的恐龙艺术了，尽管恐龙似乎并不是他最喜欢的艺术主题，恐龙艺术也——从科学上讲——并非他的最佳作品。

用330页总结了原始人类的演化，可以看出他对人种有着浓厚的学术兴趣。这是他最具学术性的著作，大量的文字只配了少数几幅插图作品。在他的自传（奈特，2005）中能找到更多证据，显示出他对哺乳类的热情，书中，他对在动物园为哺乳动物作画一事大加赞赏，还描述了他为了看早期人类的化石遗址而进行的欧洲之旅。

奈特的才华和他对哺乳动物浓厚的兴趣，解释了他描绘这些生物时卓绝的艺术表现和准确的科学性。但与哺乳动物相比，他为爬行动物化石作的复原图以今天的解剖学知识看来就很古怪。从奈特在1947年的《艺术家和非专业人士使用的动物解剖学与心理学》一书中描绘的哺乳类解剖细节图上，我们可以看出，毫无疑问他对动物身体如何组合非常了解，他清楚地知道重点部位的骨骼如何决定了肌肉的形状和大小，比如脸和身体的形状都与其支撑骨骼相符等等。但在他的非哺乳动物主题作品中，这种从骨骼解剖图向复原图的转化过程有时就会很草率。例如，他的恐龙的大腿相对于所依附的骨盆过于纤细；其中相当比例的作品即便与当时已知的化石作比较也很奇怪；有时候他甚至会不顾及骨骼轮廓，尤其是肉食性的物种。他的爬行动物往往缺少在哺乳动物艺术中所具有的那种动态感和精微巧妙，通常只有相当呆板的姿态，很少表现出育儿、群居这样的复杂行为，尽管这些在他的史前哺乳动物艺术作品中已是家常便饭。

古生物艺术学者对他这两种主题作品间的差异很感兴趣，因为这表现了他在文化上的态度压倒了严谨的科学眼光。尽管持续地出版赋予了奈特作品永恒的价值，但就像任何科学艺术作品一样，它也被当时的意识形态和理论所塑形。值得注意的是奈特创作作品的环境，以及他是如何——即便是与顶尖的科学家及顾问合作——理解这个史前世界的。很多对于灭绝生物的想法和概念在今天的我们看来是既定事实，但在奈特的年代都还未确定，甚至完全无法想象。举例来说，奈特绝对无法确切得知其笔下的古生物究竟有多古老，直到20世纪40年代中期之前，我们对于地球的年龄和各个地质时期存在时间都所知非常有限。他了解的大陆漂移学说只是少数地质学家所偏爱的一个有争议

的理论。他去世于DNA被发现的同一年，因而错过许多关于演化过程的根本真相。他也向我们展现出一种在今天看来是对演化有误解的看法：演化是自然持续优化的过程，新的生物都要强过更古老的生物。比如，因为哺乳动物活得更久，所以它们就比恐龙更聪明、行为更复杂、身体形态更完善。在《历史的破晓之前》一书中，奈特将哺乳动物描述为"造物之首"（1935，8页），而恐龙却是"怪异、畸形、匪夷所思"（7页）。因此，尽管已经有了相反的骨骼学证据，奈特（和少数几位著名艺术家特例）仍然遵循了二十世纪的观点：恐龙是一种行动迟钝缓慢的动物，不适合任何激烈的活动或复杂的行为。如果奈特在复原爬行动物时能像对待哺乳动物那样客观地做解剖学分析，如果他对非哺乳动物研究对象的态度更有远见一些，那么他笔下的灭绝爬行动物会是什么样子呢？我们只能畅想一番。遗憾的是，奈特从来没有为恐龙写下像哺乳动物那样多的细节，我们只能去推测他将复原合理化的过程。不过，他对它们的图像肯定有个人的想法。这在他的信件中可以找到证据，其中有一封他在1937年寄给一家报社的信，谈论的是拉皮特城公园里的恐龙雕塑。他斥责这些雕塑"外行又愚蠢"（米尔纳，2021，148页）。我们不禁想知道他会如何看待同时期其他艺术家的作品，比如格哈德·海尔曼（1859—1946）和哈利·戈维尔（1839—1909）的，他们对恐龙和飞行爬行动物的设想在解剖学上更准确、更进步。最后，奈特的才华、声望，以及与顶尖学术协会的合作，都赋予了他的爬行动物复原图比科学性上更佳的同代作品占有更大的文化分量，对流行文化持续产生巨大的影响力。

高质量的作品和持续地被使用让奈特似乎成为了历史上最常被效仿和提及的古生物艺术家之一。在古生物艺术领域的奈特继承人中，只有捷克艺术家兹德涅克·布里安（1905—1981）在各方面都享受到了同样的待遇。无数艺术家把奈特的作品集作为激发自己原创的灵感，或者不加掩饰地以他的作品为基础创作，只做些许修改。奈特在史前生命领域引发了数十年的回响，这让他成为古生物艺术中长期存在的一些陈词滥调的源头。有些奈特风格的惯例——比如三角龙

这是蜥脚类恐龙——卡内基梁龙 (*Diplodocus carnegii*) 的现代复原图，我们可以将之与奈特在1946年的作品做对比。注意其下肢和尾基部强壮的肌肉组织。尽管奈特擅长复原灭绝动物，但他却神秘地忽视了恐龙的解剖学事实。奈特的恐龙图在某些方面更多地反映了他所处时代的文化，而非其解剖学上的客观属性。

(*Triceratops*) 和霸王龙 (*Tyrannosaurus*) 作为彼此交战的敌人跨越了几代人的作品 (霸王龙的第一幅肖像由奈特创作于1905年，他描绘了这种动物潜伏着接近一群三角龙；1930年他为菲尔德博物馆创作的壁画再次表现了这一主题，以更加戏剧化的方式呈现) ——这倒可以从艺术上理解为是追求史诗性，甚至是传奇般的气质，但其他一些奈特模板图就更为特殊了。例子包括追赶鸟类的嗜鸟龙 (*Ornitholestes*) 和弯腰啃食一条恐龙尾巴的异特龙 (*Allosaurus*) ，艺术家们一而再再而三地效仿这些画面，罔顾它们的习性特征以及偶尔出现的科学上的问题。

　　并不是只有插画师才感受到了奈特的影响力。早先的电影制作人也会借鉴他的画作，最有名的是《失落的世界》(1925)、《金刚》(1933) 以及迪士尼《幻想曲》(1940) 中"春之祭"片段里的史前动物。在他死后十多年，《洪荒浩劫》(1966) 和《恐龙谷》(1969) 仍使用他的作品作为史前生物的参考。这些项目背后的大多数制作人都公开承认奈特是他们的创意源头 (哈里豪森和多尔顿，2003；哈利豪森为奈特作的序言，2005)。不过，他的名字在《幻想曲》中完全没有出现，考虑到电影中的史前动物包含了大量奈特复原和重建的特征——恰巧远远多过了预期，这就有些匪夷所思了 (戴维森，2008)。这反映出的问题可能并不简简单单是缺少迪士尼动画制作相关的文献。来自美国自然博物馆、曾担任"春之祭"片段顾问的古生物学家巴纳姆·布朗于1941年发表了一篇短文，是关于这个片段的制作过程的，其中提到他曾将博物馆作为宣传的古生物复原图交给迪士尼，用来作为动物设计的基础。考虑到其历史背景，布朗一定向迪士尼提供过奈特的作品，但很奇怪，他并没有把这位艺术家的名字写出来。这是一个疏忽吗？又或者是因为奈特的离去，博物馆不那么想再把他推作自己的"招牌"了？无论如何，奈特的名字更容易在虚构小说中找到，比如雷·布拉德伯里于1983年创作的故事《除了恐龙，长大后你还想当什么？》(*Besides a Dinosaur, Whatta Ya Wanna Be When You Grow Up?*, 1983)。在这个短篇故事中，奈特被提到了两次，一次是"一个拿着刷子的诗人……墙上的莎士比亚"，后一次是"这个人可以看到过去，还能把它刷在墙上！"接着，布拉德伯里又给奈特的自传写了一篇短文。

　　直到20世纪末，奈特的影响力才开始衰退，原因或许是新的化石发现和理论修改了我们对一些史前动物的看法，他的描绘不再适用；又或许是新的文化标准 (如1993年的电影《侏罗纪公园》) 重新定义了人们期待看到的古生物艺术；也可能是新时代的艺术家构建了新奇的

古生物艺术表现方式。但他留给我们的遗产依然强大，一如既往，与他作品相关的图书和文章的持续出版就是证明。即便今天，对于专业的古生物艺术家来说，要想走出这样一位学科巨人所投下的阴影仍然是一个挑战，这或许也确实合理。

七十年的传承

　　《万古生命史》可能是奈特的书中最知名也最容易理解的。其结构——一系列图片，每一幅图都对应着一页描述文字——很像早前那本《历史的破晓之前》，但这本缺少扩展说明，图版的数量也更少，为了将他的化石对象置于该书的语境中，书中还包含了很多现生物种的插图。这本书没有采用《历史的破晓之前》根据地质年代排列物种的方式，此外也没有收录奈特那些著名的壁画。相反，《万古生命史》的画作都是他早期的炭笔素描，还有一些从博物馆藏书室和杂志借来的奈特的作品。即便到了今天，这本书也有很高的可读性，这是能让我们体会二十世纪初人们对动物看法的绝佳方式，这些动物既有史前的也有现代的。奈特的文章同样如此，他的文字可信、生动、极具魅力，对于被70年的科学后见武装起来的现代人来说也许尤其如此。

　　《万古生命史》自1946年以来不断重印[最近的一次是由印第安纳大学出版社出版的纪念版 (奈特，2001)]，让我们总能有机会欣赏到二十世纪初对于动物生物学和演化的观点。《万古生命史》的高水平让它成为推出续作图书的极好的选择。在另一个书名下描绘演化的奇迹并非难事，但推出此书的姊妹篇，就需要在现代观点和几十年之前的观点间做一番比较。我希望本书的读者可以为此找这本书来看一看。两本书都为一般读者所写，并且配有大量插图，所以适合各年龄读者阅读。要知道，艺术上的差别不仅反映出了作者的不同，也表现出科学发现与研究的差距，以及20世纪40年代中期和21世纪10年代晚期在文化上的差异。本书的一些内容特别提到了早期的《万古生命史》，这样能帮助读者作比较，以我们今日的理解重访奈特笔下的形象。在一些插图中，奈特的原始画作会为新的作品提供创作基础，而另一些则

巧妙地通过风格和色调表达了对奈特的敬意。我们的理解已经改变得太多，新的插图只是表现同一个主题。但当我们注视着这些现代的史前景象时，我们要知道它们同样也会过时。所有关于科学的图书，以及它们包含的艺术作品，都是时代的产物——不过是人们认知变化过程中的一张张快照。也许在七、八十年后，本书能够让新一代的读者有机会看到科学是如何从今天继续发展的，看到我们对于史前的理解又有了多么深远的改变。

　　同前作一样，本书延续了以插图配合说明文字探索古代及现代生物的传统，正文后面是支撑生物及环境复原图的图表信息。我不光得到了重现奈特版式的机会，还能让它变得更加完善，在书的主要部分中加入全彩插图——多达62张。我们对图画的讨论也会更加切合实际、细致入微，这不仅得益于我们对化石动物知识的增加，还要感谢现代作家能够用到更多的科学文献。为了提高本书科学内容的透明度，我添加了附录来记录每张图片使用到的古生物资料。这些内容如果加入正文就会破坏原本的叙述，但它们有助于读者确定动物复原的哪些方面是以事实为基础的，哪些是有根据的推测，哪些是纯粹的猜想，所有古生物艺术都混杂了这些不同的成分，但由于没有创作者的笔记，我们通常只能自己来计算它们的比例。

　　我们也尝试尽量在不同地质年代上保持平衡。我们不可能在任何一本现实尺寸的书中完整记录下生命的演化，但至少在这本书中我们可以看到生命故事不单单是人类的故事。陆地动物的演化不意味着鱼类演化的停止，就像哺乳动物的崛起并不会阻止植物和昆虫谱系的革新。我们必须意识到灭绝在塑造地球生命的过程中所起的作用；为此，历史上几个最严重的灭绝事件成了四幅画作的焦点。我在书中加入了地质年代背后的一些理论基础、生物间的关系，以及古生物艺术的

进程，让对这些概念不甚了解的读者有一个初步的认识，读者也得以了解地质学、演化生物学和古生物艺术自1946年以来是如何发展的。我不像奈特那样重视现生物种，因为与化石动物相比，现代关于现生生命形态的文献数显著增加。20世纪40年代之所以是独特的，不仅是因为摄影技术，还因在书籍中使用了照相制版。如今我们随时随地可以享受到精美的动植物图片，轻而易举就能获得关于这些物种的真相。相比而言，许多化石动物在艺术上极少被表现，在学术论文之外的地方也很少被提及。我认为相比有更多文献的现生物种，读者能够从介绍灭绝物种的内容中收获更多。

　　最后，可能也是最重要的，本作与前作的区别在于基调的微妙变化。20世纪早中期，人们对于人类发展、人口、我们与野生动物及自然的关系有着与今天极为不同的看法。要想更深入地理解我们正在萎缩、衰退的生物圈，就需要对自然界怀着比20世纪40年代普遍持有的更敬畏的态度，这凸显出保护自然的迫切需要。对于生态学、灭绝、生物多样性、地质年代的实际情况，以及生物影响全球栖息地的方式等概念，我们需要对之有比以往更加宽广的理解。我们必须认识到这些生物——无论它们是最早登陆的植物，使落叶转化为温室气体的成群巨型植物，还是驾驶汽车的灵长类——它们都能引起足以影响生命几百万年的地球变化，在我们无法轻易理解的时间尺度中，对生命产生行星级别的影响。与庞大而复杂的地球生态和地质年代相比，我们目前对人类施加于地球的影响的认识还很浅薄，这很危险，海量数据表明我们正处于气候和环境灾难的边缘，我们必须有所反应。去理解我们在自然世界中的位置，去了解我们所属的演化史，去认识生物——包括我们自身——塑造地球生命的未来，现在就是前所未见的重要时刻。

地球生命简史和年代表

几千年以来，学者们都为地球的年龄问题而着迷，但对于大部分文明的历史，我们对其年龄所做出的最好猜测也不过是基于历史记录和圣经文本的粗略计算。大多数早期的估算值都相对偏低：人们曾认为地球的年龄仅有几千年。直到17、18世纪，科学进程开始主导学术思维，我们才开始了解到深时[1]的真正含义。地质学先驱们无法给出地球年龄的确切数字，但他们通过沉积岩形成的时间认识到地球的年龄远超之前任何人的猜测。19世纪晚期，对现代岩层和海水盐度累积所需时间的估计表明，地球的年龄至少已有一亿多年。而由于20世纪50年代放射性测定年代法的出现，我们对地球年龄的计算又有了进一步发展，预测的年龄延长了很多：45.5亿年。之后，这就成为了地球年龄的确切数字，与我们的地质记录（地球上最古老的岩石大约有44亿年）和我们太阳系的估算年龄（46亿年）相关联。

地球上的许多岩石都是分层沉积的，按年代顺序层层排列：底层最古老，顶层是最新的岩石。因为岩石的特性与形成它们的环境特征具有高度一致性，这些成层系统让我们不仅能够根据岩石间的关系确定它们的年代，还能追踪环境和气候随时间发生的改变。这为每个岩层中包含的化石提供年代和环境背景，并让我们得以重现地球生物圈在历史长河中的变化。我们利用广泛存在的特征性岩层或化石，将彼此相距很远的露头关联的地质事件联系起来，并使用放射性测年

技术来精确测算某些岩层的年代。我们测出特定矿物中"衰变"原子物质相比它们未衰变的同素异形体的数量，就可以根据这些元素的衰变率算出它们的年龄。总之，这些年代的确定和相关技术产生了地质年代表，一份由岩石记录讲述的地球史年表。随着新数据的出现，年代表也在持续更新，不过现代的修正通常只是对这个稳健而成熟的科学模式做一些细微的调整，而非颠覆性地重建整个系统。

许多读者都很清楚，地质年代按照时间被分为了不同的层级：比如当说到地质年代的宙、代、纪、世等等时，会举例侏罗纪和更新世。地质年代并非是随意划分的，而是取决于大范围的地质或生物事件，比如生物圈中的一场巨大的颠覆性事件（可能是一次集群灭绝），或者是出现了某种特殊类型的化石，又或者是发现了在地质学上广泛且独特的岩层。最后得到的结果是一个能够反映地球史重大发展的系统，当我们从时间表中的较宽处移动到较细处，我们可以获得关于环境、气候和生物状况的更精准的信息。

从对页的地质年代表可以明显看出，对于更近期的岩石，我们能够更好地梳理出地球历史中的重要时期。显然，古老的岩石更稀缺——由于地质运动和侵蚀作用，它们经受了更长时间的掩埋和更多的形变及破坏——距今更近地层的化石埋藏质量也有所提高。

---

1. 深时：地质学概念，用于描述跨越地质事件的时间尺度，远远大于人类生活所使用的时间尺度。

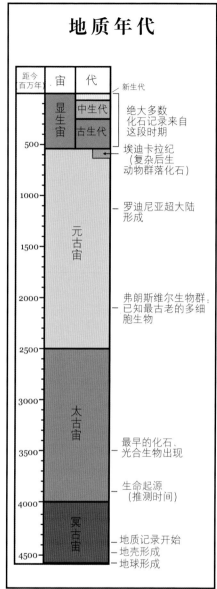

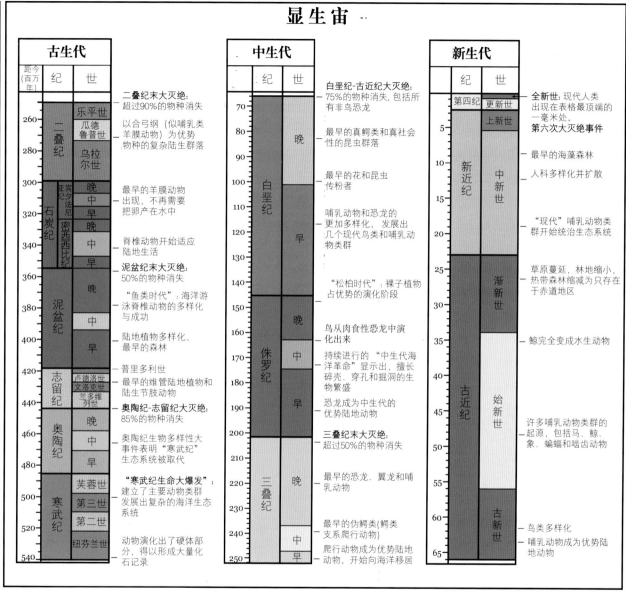

地球居民之间的关系

我们星球上生活的一切生命都是地球上最早微生物生命形式的后代，遗传物质在一代又一代的生物体之间传递了数十亿年，搭起不曾断裂的链条。这一漫长而统一的联系包含了地球上的所有生命——当然，包括你我，这一点很发人深省。当我们思考自身与其他物种的关系时，总倾向于把目光局限于我们直系的猿类先祖身上，但这其实只是我们与其他生命关联的开端。往前回溯到更早以前，我们与无数的物种有着共同的祖先：其他哺乳动物、卵生的陆地脊椎动物、海鞘和棘皮动物之类的海洋生物、珊瑚和海绵之类的早期动物，甚至真菌、植物和许多不同类型的细菌。我们是演化之树上的嫩芽，跨越漫漫历史长河，这棵演化之树自地球诞生起开始生长，发出了数十亿根枝条。

有两个现象导致了我们星球上出现如此丰富的生物多样性：一，RNA和DNA（核糖核酸与脱氧核糖核酸，构成不同生物基因的分子）的复制与重组；二，自然选择的优化过程。RNA和DNA是分子编码，它们可以告诉生物如何构建细胞与组织，对它们的任何改变（有意地，比如两个个体通过有性生殖结合DNA；或者偶然地，通过基因复制错误——也就是基因突变）都会给我们的身体构建及身体运作方式带来细微的差别。这些变化大多没有什么显著效果，但有时候会影响生物在各自环境中的生存能力。获得有利变化的生物就有更好的繁殖机会，从而传递它们的基因，而那些继承了不利基因变化的生物繁殖几率就会变小。这就是"自然选择"在起作用。随着生物扩散至不同的栖息地，或者环境条件随着时间推移而发生了改变，要么是自然选择促使生物演化为适宜其生存条件的物种，要么是某一支谱系挣扎求生，但最终灭亡。因为生物必须面面俱到，能够执行许多行动（比如获取食物、躲避猎食、保护身体组织免受环境条件的伤害），所以它们永远不会在某一项达到"完美"。我们的身体是为了适应性而妥协的结果，它足以满足我们的生存和繁衍所需，但绝不会为了专注某一需求而妨碍到其他的重要功能。

解剖与发育特征的共同点揭示了生物之间演化的关系。较多的相似性意味着祖先更为接近，共同特征较少则表明关系较远。以人类为例，我们与黑猩猩和大猩猩在解剖学和基因上如此相似，因而它们与我们必定有着关系很近、所处环境也非常相近的祖先。但是，我们与植物只在细胞结构和基因组织的某些方面有所相似，这表明我们各自的演化路线已分开发展了很长一段时间。我们可以使用遗传数据来确定现生物种之间的演化关系，但对于化石生物，我们主要依赖于解剖特征——骨骼、甲壳和其他组织的形状及特性。生命史的记录并不完美，我们没法了解所有生物在演化树上的位置，但对于生命演化的总体图景、许多特定分支上的物种关系，我们的认识日益增多。随着演化理论的发展，传统的生物分类法——按照诸如界、目、科这样的等级——已经变得有些武断、具有误导性。

现在，许多生物学家及古生物学家使用类群或者动物演化支系，它代表具有共同特征的物种集合，在生命宏大的序列中没有"等级"。这样做能更好地反映出演化过程中真实的连续性，相比于任意指定一个物种类群的意义，本书通篇采取这种方式。

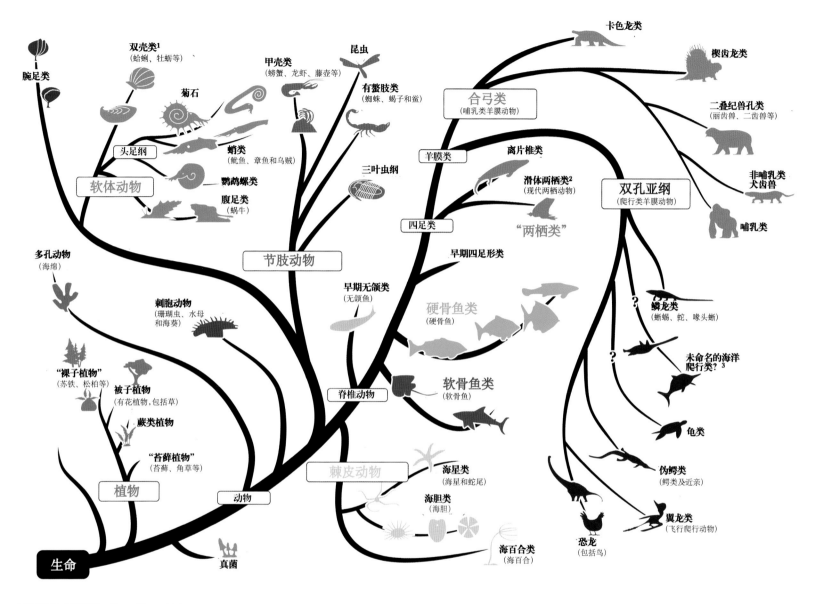

腕足类

双壳类[1]
（蛤蜊、牡蛎等）

甲壳类
（螃蟹、龙虾、藤壶等）

昆虫

菊石

头足纲

蛸类
（鱿鱼、章鱼和乌贼）

有螯肢类
（蜘蛛、蝎子和鲎）

软体动物

鹦鹉螺类

腹足类
（蜗牛）

三叶虫纲

合弓类
（哺乳类羊膜动物）

卡色龙类

楔齿龙类

二叠纪兽孔类
（丽齿兽、二齿兽等）

羊膜类

离片椎类

滑体两栖类[2]
（现代两栖动物）

双孔亚纲
（爬行类羊膜动物）

非哺乳类
犬齿兽

四足类

"两栖类"

多孔动物
（海绵）

刺胞动物
（珊瑚虫、水母
和海葵）

早期四足形类

哺乳类

节肢动物

早期无颌类
（无颌鱼）

硬骨鱼类
（硬骨鱼）

鳞龙类
（蜥蜴、蛇、喙头蜥）

"裸子植物"
（苏铁、松柏等）

被子植物
（有花植物，包括草）

脊椎动物

软骨鱼类
（软骨鱼）

未命名的海洋
爬行类？[3]

蕨类植物

"苔藓植物"
（苔藓、角草等）

龟类

植物

动物

棘皮动物

海星类
（海星和蛇尾）

伪鳄类
（鳄类及近亲）

海胆类
（海胆）

翼龙类
（飞行爬行动物）

生命

真菌

恐龙
（包括鸟）

海百合类
（海百合）

1.现已更名"瓣腮纲"（Lamellibranchia）。

2.现代生物学普遍认为滑体两栖亚纲是离片椎目的直系后代。

3.最新的生物学把这一类群分开归类；鱼龙类归于双孔类，与图中其他分支并列；鳍龙类归于主龙形下纲。

史前生物是如何在艺术中重现的

除了那些对化石动物有浓厚兴趣的人之外，人们对古生物艺术的创作过程其实并不很了解，因此我有必要在这里概述一下，以便读者了解后文中插图的背景。我要强调下这句话中的"过程"一词：古生物艺术并不仅仅受到化石的启发，它还是灭绝物种的解剖学、演化关系和地质背景研究的成果。经过充分调查的古生物艺术是展现化石生物外观及其环境的一种视觉设想。化石记录的不完整意味着在创作过程中，推测和合理预测都十分必要，这使得古生物艺术的创作不会是一个完全科学的过程，而未知数据所占比重因物种不同而有差异。我们对某些灭绝生物已了解到了足够多的细节（只要有质量足够高的化石，我们甚至能推测生活在一亿年前的动物的颜色），但对于其他一些生物，我们只能根据其残缺的遗骸做出模糊的描画。从表面上很难确定复原图的准确性，因此，本书在后面的附录中列出了每幅插图所使用的根据来源和数据。

复原化石动物的基本步骤正如奈特在1935年的《历史的破晓之前》一书中说的那样，不过，自他的时代之后，古生物艺术变得更加技术化了。近几十年来，古生物学采用了越来越严密的科学手段，对于演化、我们星球的历史及化石的古生物学，我们有了更多、更细致的认识。现代古生物艺术必须反映出这些科学进步，以呈现出在科学上更可信的艺术作品。我们对灭绝动物的生活面貌所知甚少，但越来越多地知道哪些内容不应画在作品之中，这种缩减将我们的视觉设想推向了更可信的方向。

除了收集信息，许多古生物作品的第一步是骨骼重建：这一过程中，艺术家按照其活着的姿态排列骨骼，以充分了解化石物种的基本结构比例。如果有哪里的骨骼缺失或损毁了，可以从该物种的其他个体或亲族那里寻找信息，用来填补空白。从化石足迹中获取的信息可以帮助我们确定生物的姿势和步态。搞清楚了骨骼的位置，艺术家便可以在上面添加肌肉。这个过程需要参照最接近该生物的现生物种的身体结构，将标记的肌肉位置转移到灭绝动物身上，从而在整个骨架上创建出一幅有依据的肌肉复原图。脂肪组织在化石记录中基本看不到，但艺术家可能会大胆地将之加入其中。一种典型的方式是根据最接近的现生物种储存脂肪的位置，或者考虑在这种动物的身体中，哪里是储存脂肪效率最高的地方（例如，它会局限在某处以减少不便，还是会分散在全身？）。皮肤的解剖学细节，如鳞片、羽毛或毛发——要么建立于直接的化石证据之上（鳞片和羽毛这样的特征在化石中很少见，但也比我们直觉上认为的要保存得多一些），要么通过亲戚（某些情况下甚至是现生物种）来推测。某些灭绝的演化支系的皮肤类型很难确定，这是因为现代物种已清楚表明，即便是关系非常近的动物，它们在诸如毛发或羽毛长度、鳞片大小等特点上也会有很大的出入。化石物种的颜色和花纹由多种方式决定（部分或完全），但有超过99%的灭绝动物我们都不了解。因此，艺术家大多会根据动物的生活方式和栖息地来设计配色。以上过程完成了一个活着的动物的外观模型，但为了让它在合适的景观、气候和植物群中安家，我们必须进一步查阅地质学和古植物学数据。于是，另一轮的研究开始了，艺术家会继续将科学注入古生物艺术品之中，创作过程中的每一步都为史前世界的视觉化带来各种不同的挑战与惊喜。

古生物艺术的基本原则

骨架复原

使用骨骼形态和化石遗骸的比例创作骨架的复原图，为目标物种设定在生物力学上合理的姿态。缺失的元素可参考有密切亲缘关系的物种，按照比例调整到适当的大小。

肌肉复原

骨骼上的肌肉反映出与其关系最近的现生动物亲戚的肌肉分布，但肌肉体积依据适于目标物种生活方式的功能而定。

足迹数据

化石足迹和脚印告诉了我们关于灭绝动物姿势、速度和步态的很多信息，所有这些都可以用于推测生物外表。

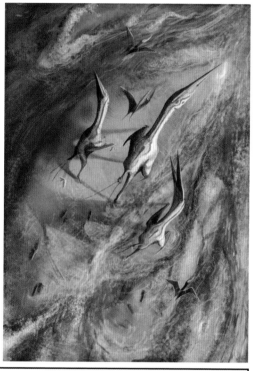

软组织的考量

脂肪、皮肤和相关结构根据化石数据添加（软组织很少变为化石，但在特殊情况下可以。某些面部皮肤的细节可以从骨骼表面纹理中推测出来）。理想情况下，这些数据取自目标物种的化石，但如果无法获得数据，亲缘关系密切、有相同适应性的物种数据也可以使用。如果软组织的情况完全不清楚，人们会根据目标与其他物种的关系、生态学上相近的现生物种的软组织形态来推测可能的组织类型。

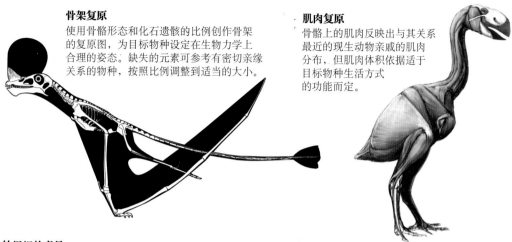

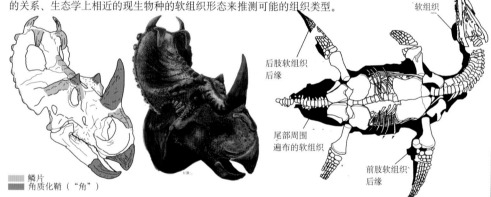

保留的软组织

后肢软组织后缘

尾部周围遍布的软组织

前肢软组织后缘

鳞片
角质化鞘（"角"）

额外的关键要素

· **目标物种的地质背景：** 环境与气候的重建。
· **目标物种的年龄和位置：** 决定了同时期的动物群和植物群。
· **古植物学：** 对于正确地还原灭绝植物至关重要。

画　廊

碰面

在更新世的欧洲西北部，史前与现代相遇，我们可以认出的海象、鬣狗和天鹅与现已灭绝的南方猛犸象、洞狮、披毛犀及大海雀共同生活。现代自然界逐渐从我们称之为"史前"的世界中浮现出来，这是数十亿年生物演化、灭绝和环境变化的产物，而非植物群、动物群或环境发生了突变。

打造适合生命的星球（冥古宙）

在第一个生物出现的几亿年前，地球生命的故事就开始了，这要追溯至45.5亿年前，那是我们的星球、太阳以及太阳系的起源。虽然这些事件看上去与生命起源相去甚远，但很重要的一点，就是它们为生命的发展提供了适合的条件：构建了遍布全球的栖息地、聚集起了生命体的原料、在太阳系的位置使地球获得了恰到好处的日光与热量。尽管这些条件可能不是所有生命必需的（如果其他天体上存在生命形态的话，它们的演化必会体现它们所处环境的生物化学和环境耐受性），但对地球上的生命来说，地球的特点和在宇宙中的位置是它们存续的关键。

地球成形之前，构成太阳系的太阳、八大行星以及数千个天体的原子、分子，与未来某一天会形成生命的原子和分子仍不可分割。此时此刻，我们的组成元素混合在一个巨大的星际分子云中，这是已经消逝的恒星的残余物，由大量氢、氦、一些更重的元素以及尘埃与气体组成，它们聚集为银河系的一小部分。大约46亿年前，这个分子云的一块碎片，可能是受到了此处的一个超新星能量的推动，开始在自身重力下坍缩，凝聚成了一颗恒星：我们的太阳。这就使我们所在星云额外的一些部分被拉入新恒星周围的轨道，尘埃与气体相互碰撞并融合，形成了一个巨大的环。当宇宙尘埃不断聚集，产生出越来越大的天体时，太阳的轨道变成了一个由星子（直径一公里或更长的固态物体）和原行星（月亮大小的物体）组成的热闹的光环，最大的行星随着引力质量的增加不断吞噬着轨道上的碎片。最终，来自原行星盘的大部分尘埃的碎片稳定下来，形成了我们的太阳系：无数小星体和八大行星，其中之一便是地球。但此时我们的星球距离宜居还相差很远。在至少几千万年——甚至几亿年间，地球仍然是一个在太空中漂浮着的愤怒的红球：一颗具有高放射性的行星，因与其他星体碰撞而过热，并持续受到小行星的轰击。地球最初的那5亿年时期被恰当地称为冥古宙——"地狱"宙。

尽管地球的起源混乱而动荡，但它的位置和特征却给生命带来了希望。地球是一个相对较重的行星，所以被拉得离太阳比较近，但既没有近到让温度过高，也没有远到会削弱光照和热能。我们围绕太阳的轨道在一条很窄的温度带上，使得液态的水可以存在于我们星球的表面。当地球冷却下来——大约是在冥古宙早期，液态水便覆盖了地球70%的表面积。这不仅为生命提供了一个主要的栖息地，也释放出了可以用于我们生化作用的水。液态水是地球上所有生物的重要化学成分，如果没有水，生命将会截然不同。早期地质史中，由于太阳和地质事件的影响，我们的大气层有过几次出现与消失，而它在根本上对海洋的形成起到了重要的作用。一旦地球变得足够凉爽（那是在大约44亿年前），第一片云就开始降雨，海洋出现在我们新形成的行星的地壳上。构造运动——地壳板块的产生、破裂和活动——开始于冥古宙，并在这一时期的末期打造出最初的小陆块。之后，构造运动把更多的陆地物质加入到早期的陆地上，形成了我们今天所知的大陆板块。牵连产生的火山运动将复杂的化学物质从地球内部转移至地表，这些物质很可能参与形成了最初的无机生物分子——生命的原始成分。从一片庞大的星尘组成的星云中，这持续5亿年的过程塑造出了一个极有潜力孕育并维系生命的星球。

生命的起源（太古宙）

数世纪以来，人类一直困惑于生命是何时、何地、如何出现在地球上的。这个问题被当作哲学命题来思考，以理解人在宇宙中的地位；它也以宗教形式呈现，无数信仰生发出创世神话来解释生命的到来和发展。但是，认识生命起源最好的、也是唯一现实的方式，是科学的方法。虽然说，科学家们还没能确定生命究竟是如何在地球上诞生，但绝不能说我们对生命的起源一无所知。事实恰恰相反，我们正在逐渐搞清楚这段貌似是奇迹的发生过程是如何通过基本的化学和物理方式实现的。

可以确定的最早的证据显示地球上的生命出现于35亿年前，尽管也有其他证据表明起源还要早至39亿年甚至40亿年前。这三个数字全都表明生命在地球形成后迅速出现，尽管早期的地球是一个动荡不定的地方，很大程度上不适合今天的生命。地球在太古宙早期经历着激烈的构造运动，并且受到太阳系形成后留下的流星撞击。海洋和大气虽然比冥古宙时期的温度要低，但其成分却与更晚年代的截然不同。

这种环境看上去似乎是最不可能出现有机生物的，但其实，一个搅动着复杂分子、频繁放电的星球，可能是产生催化生命所需的化学反应的理想环境。由于一些必须遵循的化学和物理规律，无机物具有一定的自组织特性，因此我们可以肯定，在还没有引导和刺激的情况下，复杂的化学物质和生物分子就在古地球上形成了。由此产生了生命细胞的基本成分，有了这些成分，最早的基本生命形态也有了可能。我们身体中没有任何物理或化学成分是作为生物所独有的，也没有证据表明生命需要某种有魔力的"火花"或超自然原料才得以产生并维系下去。只有通过那些使我们可以维持、生长和复制的化学组成的特定过程，我们才可以从无机形态分离出来，这些过程很可能是在数十亿年前，通过化学和生物演化，从非常基础的水平上构建并发展出来的。

有假设认为，我们的无机-有机转换是分阶段发生的。虽然真正的生命还未曾通过实验方式诞生，但它的早期阶段可以在我们推想的冥古宙或太古宙的环境中通过人工方式生成。原始的生物分子——比如细胞膜的成分和氨基酸——能够由气体、液体和电荷的混合物以非生物性的方式组合而成，我们已经证明的是，某些矿物质的加入可以增强这些分子的自组织化能力，使它们能够在适当的刺激下形成"原始细胞"。不能完全否认，或许有一天我们可以完全理解无机-有机转化，并在模拟条件下还原这个过程。

我们已经知道无机生物分子可以存在于许多极端环境中，比如火山、洋中脊甚至星际空间之中，这给科学家提供了大量有机物质的潜在来源和出现生命的可能地点。这之中，可能性最大的是洋中脊，那里结合了热量和丰富的有机分子，可以形成最初的简单细胞。我们可能无法想象生命起源于我们所熟悉的洋中脊，那里爆炸不断、岩浆喷涌，然而升起的地热水形成的广阔的石灰岩塔平原——也就是热液区——富含碳氢化合物（细胞膜的基本成分），更适合作为生命最初的家园。对页的插图描绘了这一幽暗的深海景象。

叠层石（太古宙-元古宙）

虽然生命在地球上出现的比较早，但相比地球史的大部分时间，此时的它们都似乎还保持着低调的体型，甚至是极为微小。宏观的多细胞生物——那些我们用肉眼就轻易可见的生物——的增殖是一个相对较晚的演化事件，直到6亿年前才出现。但这并不是说，早期生命在其他方面也微不足道。若有访客回到37亿年—35亿年前的地球，很可能会看到叠层石，它们是由蓝细菌（简单的光合细胞，也被称为蓝绿藻）所产生的的生物沉积结构。

叠层石有很好的化石记录，25亿年前它们达到了演化巅峰，之后随着元古宙末期更复杂生命的出现而衰落。它们今天仍然存在，但大部分都生活在不适合其他生物居住的地方，比如高盐的潟湖。它们演化的敌人是食"藻"的无脊椎动物，比如螺类，它们会吞噬毫无防御能力的蓝细菌，其凶猛之甚，使得叠层石只出现在这些无脊椎动物无法忍耐的环境中。

叠层石是细菌黏附堆叠成的沉淀物，它看起来一点不显眼，但却具有重大的意义，其中有很多原因。像我们这样呼吸氧气的生物很大程度上都要感谢产生叠层石的细菌，是它们将古老的、富含二氧化碳的古代大气转变为可供呼吸的富氧大气。没有它们数十亿年输出氧气的光合作用，地球上的演化故事将会完全不同。叠层石也构成了我们对早期生命的大部分记录，被誉为已知的最古老化石。最早的样本来自澳大利亚和格陵兰岛，这些标本成为我们所知的最古老化石的可能性越来越高。早期太古宙岩石在今天的地球表面非常罕见，它们大多都因经年累月的高温和高压而严重变形，连化石甚至沉积物都难以辨认。随着对地球表面地质的探索愈发全面，发现新的、未变形的太古宙沉积物的机会变少了，而又由于这些沉积物的缺失，发现更古老化石的机会也变少了。

叠层石产生的机制也值得注意。这些石柱——从几厘米宽的窄柱，到宽和高有好几米的巨大穹顶——由细菌细胞分泌的黏液质捕获碳酸钙（也被称为石灰石，很多生物选择这种物质作为骨骼的材料）而成。叠层石中的碳酸钙是细菌将阳光转化为能量过程中的副产品。尽管相比其他生命形态具有的壳和骨骼，这些泥层和石灰石堆非常粗糙，但它们是现生生物中使用刚体框架提升生存几率的最早的案例。将沉积物和石灰石堆积成塔和丘，可以将细菌细胞从海床上撑起来，让它们更接近太阳，能够减少被泥石流掩埋的几率，阻止临近的石堆生长过盛，还能增强它们对汹涌海水的抵抗力。叠层石的聚集形成了最早的礁体，即便到了今天，这些结构依然是某些沿海栖息地的重要基石。

叠层石切开后会显现出层状结构，这代表了它快慢交替的生长速度，可以反映四季和光照变化的周期。石柱粗细的变化则记录了生长中的石柱与冲刷过细胞的沉积物之间戏剧性的斗争。产生叠层石的细菌在平和的时期繁盛起来，它们茁壮成长，向四周扩张，生长出健康、粗壮的石柱。但大量沉积物涌入可能会带来灾难，使大部分细菌被掩埋，即使最接近表层的细胞活了下来，也要重新开始这个建造过程。叠层石化石不仅提供了远古生命的记录，还告诉了我们很多远古环境和气候的信息。

23

埃迪卡拉生物群

多细胞生物独立起源过多次。植物、动物和真菌彼此独立发展出形成身体和离散组织的能力，而且很可能在远古时期，特别是在元古宙，就已经有现在已灭绝的其他形态的多细胞生物存在。然而，这些早期多细胞生物形成化石的可能性很低，而且不论在什么条件下，大多数元古宙的岩石都会因为变形而不大可能保存化石。尽管如此，有些引人注意的早期宏体多细胞生命化石，比如21亿年前的加蓬弗朗斯维尔生物群，已经悄悄存活到了现代。这些最近才发现的海洋生物——或许对它们最好的解释是像变形虫一样排列成片状、链状和管状的菌落——只在一个地方被发现，但给我们这些想要了解早期生命演化的人带来了希望。在日益完善的地质记录中，仍然会有一些惊喜等着我们，这让人欣慰。

埃迪卡拉生物群是一组细节更丰富的复杂多细胞生物群，我们对它们有着更充分的研究，这些生物的尺寸都大到肉眼可见。这些生物以化石的形式出现在澳大利亚、北欧、加拿大、俄罗斯和南非的岩石中，它们在6亿至5.42亿年前曾繁盛一时。有些物种存活到了寒武纪，在5.1亿年前灭绝。我们已经可以确定，埃迪卡拉生物的不同生物群似乎与不同的栖息地有关，比如沿海和三角洲、河流系统和深海环境。

埃迪卡拉生物如何分类、如何生活，都是人们一直在讨论的问题。它们的解剖特征比地球上我们已知的任何生物结构都要复杂，但是，唉，大多数埃迪卡拉生物的身体几乎完全是软组织，它们形成的化石仅仅是沉积物上的印痕，这限制了我们对它们身体和组织的认识。大多数物种都有褶皱或棱纹状的外观，通常被描述为"衍缝"。不同种

类在形态上有明显差别，这表明它们有很好的生态学分化。叶状物种，比如恰尼海笔 (*Charnia*)，可以长到2米长，看起来尤为多样与繁盛。狄更斯虫 (*Dickinsonia*) 通常被看作是一个底栖的会活动的席子，而金伯拉虫 (*Kimberella*) 类似于一种鼻涕虫状的生物，把它的运动痕迹与明显的"头部"解剖特征联系起来，就更增加了这种解释的可信度。有些生物显然是穴居动物，它们在古代沉积物中留下了挖掘隧道的痕迹证据。在埃迪卡拉纪，微生物和不同形态的藻类也很丰富，它们连同埃迪卡拉生物一起形成了可能是最早的复杂生态系统，至今我们仍不清楚其具体的运作方式。

埃迪卡拉生物与现生物种之间的关系仍是一个悬而未决的问题。它们或许与珊瑚之类的最早的动物生命形态有关？它们是肉眼可见的、高度演化的浮游生物吗？是否有着菌类或者藻类那样的奇异身躯？它们是复杂的细菌席吗？或者以上都不是——它们可能是一个完全独立、现已灭绝、没有任何现生近亲的多细胞生物分支？越来越多的人认为，埃迪卡拉生物并不是一个单一的演化分支，而是有着不同祖先的物种的集合。其中有些可能是多细胞生命形态的独特尝试，但其他一些可能与现今仍然存在的动物有关，包括软体动物 (包括蛞蝓、蛤蜊和鱿鱼)、刺胞动物 (珊瑚/水母支系)、海绵，以及一些处于演化早期阶段、无法做简单归类的动物。对埃迪卡拉生物的研究仍处于相对起步的阶段，其化石的重要性直到20世纪50年代才得到重视，许多关键性的发现也只是最近几十年才刚刚得出。要想更好地理解这些迷人生物的演化关系和生活方式，我们还有许多工作要做。

寒武纪生物群

化石记录最早出现于寒武纪岩石之中。寒武纪是跨越5.41亿年时长的显生宙的第一个阶段(显生宙意为"可见的生命",便是指这一时期的岩石中普遍存在化石)。化石丰富度的突然变化反映了矿化动物组织广泛演化:出现了由碳酸钙和羟基磷灰石等耐磨的生物矿物构成的壳、刺、骨骼和口器。相比于肌肉、内脏或皮肤这样的组织,这些坚硬的部分更容易变成化石,因为它们腐烂缓慢、对食腐动物的吸引力较小,而且更能抵挡物理上的磨损和撕扯。按照以往的观点,我们认为寒武纪岩石中出现的大量化石反映出动物多样性的"爆炸式"增长——在仅有微生物的时代之后,复杂生物的迅速出现与演化——但今天有一种更合理的解释取代了这一说法。遗传信息、地球化学和稀有的化石表明,许多动物的谱系在寒武纪前的几千万年甚至几亿年就已经存在了,但它们缺乏矿化身体组织,所以只有在极其偶然的情况下,它们才能出现在化石记录当中。寒武纪动物的确多种多样,但这是与显生宙之前的年代相比的结果。在许多方面它确实是生物多样性的一次爆炸,但也许不是以前我们所认为的动物演化的"起点"。

许多寒武纪动物都不好解释,但严谨的研究揭示出,许多动物都与我们今天知道的动物谱系相关联。节肢动物——包括昆虫、甲壳类和蛛形类——在这个时期繁盛而多样,它们以各种形态在寒武纪的栖息地中穿梭、游动。著名的三叶虫就是其中一员,但它们只占寒武纪节肢动物多样性的一小部分——后来它们颠覆了这一地位。软体动物也出现了,并且已经分化出了许多主要的谱系。珊瑚礁是由海绵和矿化微生物建造的。珊瑚在寒武纪就存在了,但还不是礁体结构的主要组成部分——直到下个地质时期奥陶纪,它们才会扮演这个角色。有着基本的杆状软骨骨骼的小型鳗状生物也出现了。最终从这些生物中诞生了脊椎动物,即有脊椎和内骨骼的动物。

矿化身体部位的一个主要因素是动物们需要有坚固的组织用于防御和进攻:阻挡捕食者的身体盔甲、处理猎物的颚部、抓住食物或用来与来犯者斗争的螯与钩。埃迪卡拉末期出现的有壳动物显示出,在寒武纪之前,捕食者和猎物之间在演化上的军备竞赛就已经开始,并在显生宙得到了进一步的发展,它们一同装备了比以往更强大、更有力的口器、钳子与锉,以及抵御这些武器的装甲。其中,最可怕的捕食者是奇虾,它是能自由游动的节肢动物的近亲,可长到1米长。这些不寻常的动物装备有一对用于抓握的钳臂、两个类似昆虫的复眼,以及一个环形的切割口器。沿着它们身体两侧分布着鳍,这使它们能够以乌贼的方式在珊瑚礁附近浮动,用钳臂抓住猎物,再用颚将其压碎或者切断。尽管我们仍不能真正确定奇虾到底吃什么,不过各种节肢动物和类似的活体生物应该是它们通常的猎物。有些种类的奇虾长有细长的钳臂,装备了精致的细齿,它们可能习惯于在水流中捕获小猎物和食物颗粒,而不是在海床上捕食更大的猎物。

三叶虫（奥陶纪）

三叶虫在海底爬行了两亿七千万年，每一个曾在古生代岩石中搜寻化石的人都很熟悉这类生物。三叶虫生活在遍布地球的海洋之中，留下了大量的化石记录，种类多达一万多种，其中大部分出自它们在古生代前半段的全盛时期。它们后来的历史就没那么成功了：泥盆纪时三叶虫的多样性减少，只剩下了一个类群——砑头虫目，一直存活到二叠纪末才最终消亡。

毫无疑问，三叶虫是节肢动物，但它们与这一类群其他成员的关系尚未明确。令人惊讶的是，尽管三叶虫有保存如此良好的化石记录，我们对它们也有很长的研究历史（学者对三叶虫的兴趣可追溯到1698年），但三叶虫的起源仍然扑朔迷离。不过，对于灭绝动物的研究工作来说，这种情况也并不算少见。演化过程是复杂的，我们的化石记录又非常不完整，即便是为人熟知的类群，我们也只能使用有限的解剖信息来拼凑出它们的演化史。在未来，保存特别完好的、新发现的三叶虫和其他早期节肢动物将有望揭示它们之间的亲缘关系。

保存完好的三叶虫化石为我们了解其解剖特征乃至内脏提供了细节。它们的钙质外骨骼分为三个部分：头（头部）、一系列体节（胸部）、体节融合形成的盾状板（尾部）。头部的特征通常是一个球状中心结构，看起来里面像是装着大脑，但实际上包含的是胃。肠道从这里延伸，穿过胸腔和尾部，废物便会从身体后方排出。它们的眼睛位于头部两侧，是我们所知的早期动物中最复杂的感觉器官。像所有节肢动物一样，三叶虫的眼睛由无数网格状的晶状体组成，但与昆虫和甲壳动物的眼睛不同，它们的晶状体不是由蛋白质构成的。而是每个晶状体都是一个形状精美的方解石晶体：三叶虫的眼睛基本上是由石头构成的。看起来它似乎很原始，但其实有实验表明，三叶虫有极好的视觉敏锐度，能看到清晰的细节，有着相当大的视野深度。眼睛形状的不同显示出视觉对不同种类三叶虫的重要性。快速游动的三叶虫长着巨大的眼睛，有着开阔的视野，其中一些还悬挂着"遮阳板"，以便在强烈的阳光下保持视力，而生活在弱光环境或者穴居的种类则完全失去了眼睛。三叶虫的腿上有更复杂的解剖结构。每条附肢都有两个分支：靠下的用于行走或游动，靠上的支持鳃来呼吸。靠近口的腿有时带有刀片状的结构，以帮助处理食物，它们的食物可能是来自不同类群的身体柔软的猎物，比如蠕虫。受到威胁时，三叶虫会缩成一个球，以便保护它们脆弱的腹部，这经常在化石中被看到（不过最好不要设想它们有可能通过这种方式于掩埋中幸存下来）。

三叶虫的身体结构与它们的身体形状、大小和生活方式相适应。最典型的三叶虫形态可能是一种在海底漫游的植食或肉食-腐食动物，比如对页图中的这种大型的（70厘米长）、分布广泛的欧几龙王虫（*Ogyginus Forteyi*）。但只要在解剖特征上做些微的调整，它们可能就会过上完全不同的生活。有的三叶虫身体小，头部则大而宽，它们会一边表演倒立一边用腿滤食。一些身体小、眼睛大的三叶虫会在水中倒立游泳。那些所谓存在感微弱的种类——面部和身体轮廓平滑的品种——能够钻洞。有些三叶虫拥有许多体节和扩展、宽大的胸部，它们可能会依靠生活在鳃中的微生物来维生。我们仍在研究如何解释三叶虫的不同身体形状和适应环境的不同方式，但无论它们把自己搞成什么样子，显然在古生代的大部分时光中都对它们有利。

奥陶纪-志留纪大灭绝

地球的生命故事不单单讲述了生物多样性的不断增长；物种也会灭绝。化石记录表明，灭绝是演化过程中的一个常规环节，是生物无法适应环境变化的自然结果。这种以正常速率发生的灭绝被称为"背景灭绝"，一般来说，物种形成——新物种产生的速率可以抵消这种影响。但地球历史的某些阶段显示出物种灭绝速率的急剧增加，大量物种、甚至整个演化谱系的化石记录都终止于同一地层序列。这些是环境压力突然产生并且广泛存在的时期，它杀死了那些无法快速适应新环境的生命。我们知道远古时期有多次这样的灭绝事件，其中的几个——一般称为"五大灭绝"——是全球规模的集群灭绝，深刻地改变了生物演化的进程。五次大灭绝中最著名的是二叠纪—三叠纪和白垩纪—古近纪事件；其他的几次发生在泥盆纪—石炭纪、三叠纪—侏罗纪和奥陶纪末。

奥陶纪末大灭绝发生在4.44亿年前，是我们所知的最古老的全球性集群灭绝事件，85%的物种消失了。许多著名的古生物化石群——三叶虫、浮游笔石、类似盲鳗的牙形石和被称为腕足动物的双壳贝类，尽管几乎没有重要类群完全灭绝，但都受到了严重影响。奥陶纪大灭绝极大地削减了生物多样性，但不像其他灭绝事件那样，是主要的动植物类群的谢幕。

奥陶纪大灭绝似乎发生在两次冲击之中，第一次是全球变冷时期。奥陶纪生物适应了暖和的温室环境，而当这个时期接近尾声时，它们发现自己身处一个冰窖世界，冰川越过了极地。在那时，超级大陆冈瓦纳——一个后来形成南部大陆的融合陆地——位于南极，使得一个超过6000公里宽的冰原在南半球扩展。不断扩大的冰川储存了地球上越来越多的水，最终让海平面惊人地下降了50—100米，使地球上的浅海干涸。浅海环境的物种极其丰富，它们的消失给奥陶纪生物带来了巨大的伤亡。海平面的下降也改变了海洋环流和化学成分，降低了海水中的氧气水平，同时提升了氢的浓度——这对动物有危险。最终，即使是没有受到海平面下降影响的深海物种也面临着灭绝危机。

但当生命开始适应这一恶劣环境时，地球变暖了，冰川萎缩、海平面上升，海洋的化学成分和环流恢复到了灭绝前的状态。虽然看似回归了正常，但这个突然的逆转带来了第二波灭绝冲击，影响了那些在冰川期50万年里繁荣生长的顽强物种。直到志留纪中期——大约4.3亿年前——生命才达到了灭绝事件之前的多样性水平。但与其他大灭绝事件不同，灭绝后的生物圈回到了近似于灭绝前的格局，而不是变得截然不同。从生态学角度来说，生命的演化重新回到了它原先的进程中。我们之后会看到，其他集群灭绝事件都标志着地球上生命演化过程中更为剧烈的变化。

无颌鱼、有颌鱼，以及"海蝎子"（志留纪）

脊椎动物——这类动物用坚硬的骨棒或软骨支撑身体，骨骼周围有神经索——最早出现在寒武纪。我们就属于这个类群之中。在古生代早期的大部分时间里，脊椎动物都保持着低调，生活在以无脊椎动物为主的海洋中。最早的脊椎动物形态可能类似于现代的七鳃鳗，这是一种像鳗鱼一样的生物，没有真正的骨骼，取食通过锉碎、没有颌部的口。志留纪开始时，脊椎动物已经演化成许多有着鱼一样的形状却无颌的动物，有的长有小鳞片，有的身上有矿化的盔甲。这些最早的鱼就是无颌类。

有盔甲的无颌类包括异甲鱼类（对页插图左中）和骨甲鱼类（右下）。它们的特点是头部有宽大的盾甲，身躯和尾巴上遍布巨大而重叠的鳞片。花鳞鱼类（左下和右中）没有盔甲，取而代之的是微小的矿化鳞片。这些早期鱼大部分都很小，大约10—20厘米长，但有些很巨大，体长可达1米。即便如此，它们还远不是古生代早期海洋中最可怕的动物。从大脑和感官结构的化石细节可以看出，它们很可能会利用发达的感官来躲避危险，同时用坚韧的皮肤和刺来阻挡捕食者。无颌类体型的多样性表明它们已经适应了多种生活方式，它们作为整个志留纪的代表性鱼类，衰落于泥盆纪有颌的鱼类——有颌类的兴起。

棘鱼类是最早的有颌类之一，首次出现于志留纪，在泥盆纪时达到演化巅峰。相比无颌类，它们在解剖细节上更接近典型的鱼类，长有发育良好的颌和齿。有颌类的口历经了复杂的演化过程，其内部和外部的结构都次生用于咬食。其祖先用于支撑鳃的结构演化出了颌骨，而牙齿与曾经覆盖在皮肤上的结构具有相同的特性。能够啃咬，而不仅仅是嚼食或吮吸，这是脊椎动物的一大重要革新，是它们能占据泥盆纪海洋捕食者地位的关键。无脊椎捕食者，比如甲壳类和蝎子，依靠不同的结构来获取和处理食物，而脊椎动物就可以只用口来分割、固定并吞食猎物。这样便可以拥有更高效的流线型身体，并且能专注于发展、优化一个器官，而不是用于捕食和消化的多个器官。鲨类最早出现在奥陶纪或志留纪，它们的成功显示出了在游泳脊椎动物的流线型身体前安置一副强有力的颌部会释放出怎样的生态潜能。

在这些早期鱼类上方游动的是板足鲎，这是一种巨大的节肢动物，与蜘蛛、鲎和蝎子同属一类。这些"海蝎子"是古生代早期海洋中的主要捕食者，它们的演化进程从奥陶纪开始直到二叠纪末。它们在志留纪数量丰富、种类繁多，能够使用大钳子撕扯猎物。尽管许多板足鲎已经很好地适应了行走，很可能是在海床上来回游走（在后来的演化中，也可能是在淡水中甚至陆地上），但也有些种类的四肢已经简化，只有一对桨状的游泳附肢推动它们在水中前进。最大的板足鲎体长可达2.5米，是古生代早期最大的捕食者之一，也是有史以来最大的节肢动物。它们是那种会让人望而生畏的动物。但板足鲎的全盛时期转瞬即逝。在泥盆纪早期，板足鲎的多样性下降，失去了顶级捕食者的地位，并且一去不返归。原因尚不清楚，但有颌类的竞争可能是其中一个因素。

植物占领陆地（志留纪）

数十亿年间，贫瘠的古大陆毫无生机地在地幔上漂移。这些荒凉的陆地极少给早期生命提供机会，动物几乎得不到食物和营养，微生物的生存选择也很有限。生命若想逃离海洋、移居陆地，大陆上就需要有合适的环境，能够提供大量化学能和足以维系有机物生存的营养物质。维管植物承担起了这项任务，并且永久改变了地球生命演化的进程。

在古生代的前半段时间里，动物和植物都在尝试登陆。化石足迹显示，早在寒武纪，小型节肢动物就能在水中快速行走。遗传学研究表明苔藓植物（类似苔藓的植物）在同一时期就已存在于陆地上，最早的陆地植物化石可以追溯至奥陶纪。但直到晚奥陶世和早志留世，陆地上的植物才不再仅仅是微小的苔藓毯，这一变化的标志是新演化的植物通过短茎将身体的一部分抬离地面。它们能做到这一点要归功于一项重要的革新：维管。维管植物与苔藓植物的区别在于它们周身遍布输送水分和营养物质的导管。光合作用（将光转化成化学能的过程）的产物通过我们称为韧皮部的管道运输，而木质部——由一种叫做木质素的坚固物质构成——传送水分。木质素如果含量足够高，就可以使植物木质化，变得坚硬。

中志留世陆地上的维管植物个头很小，不超过几厘米高，维管系统也相对简单。它们中最著名的一个属，顶囊蕨（或库克逊蕨Cooksonia，见对页图）是一种分布全球的分叉植物，没有叶状结构，但在其茎尖长有肿胀的孢子囊，用于散播生殖孢子。顶囊蕨和其他早期陆地植物都没有根，对于没有深层土壤的地球来说，根的存在没有意义。土壤是有机物和岩石物质的混合物，只有在陆地上积累了足够的生物量[1]后才能真正形成土壤，因此志留纪植物面对的土壤层很薄，可能只有几毫米或几厘米深。直到泥盆纪，土壤才达到现代土壤的深度及营养水平。

在陆地植物中，维管的效用很快得到了实现。一套内部的运输系统让它们的个头变大，并出现组织分化，进行光合作用的器官和吸收水分的器官之间进行着营养物质的交换。组织中的木质素使植物发展出了更复杂的结构，包括长长的枝条、用于攀附的茎和用于固定的根。到了志留纪末期，另一个属，巴拉曼蕨（Baragwannathia）显示出了许多这样的特征，与顶囊蕨相比，它是一个几十厘米高的巨人。早泥盆世和中泥盆世的植物群落包括多个物种，它们进一步利用了这些优势，形成了小型灌木森林。最早的树木和结种子的植物出现在泥盆纪中期，大约3.85亿年前——也就是顶囊蕨及其亲族开始长高的5000万年之后。

陆地植物群落的发展对地球的大气、地质和生物圈产生了重大影响。植物光合作用时吸收大气中的二氧化碳（一种强效的温室气体），并将其锁定在生物系统中，从而使地球变冷，同时植物的根系束缚住岩石和土壤，减缓了侵蚀。这不仅改变了景观的形成，也减缓了陆地与海洋之间的营养循环。这些植物密集的新栖息地也为陆地动物创造了新的生活环境。最早的开拓者是节肢动物，它们跟随植物在志留纪时登陆。节肢动物在这个早期陆地植物的世界里繁荣成长，数百万年来都没有受到其他陆地动物的侵扰。

---

1. 指某一时刻单位面积内实际存在的有机物质总量。

霸鱼（泥盆纪）

今天的海洋中，最大级别的生物中有许多吃的是最小级别的生物：浮游生物。它们通过滤食来获取这些微小的猎物，而不需要精准捕获：它们只需简单地瞄准富含浮游生物的水域张开大嘴，在吞掉水和食物之类的东西后，就可以使用过滤器官或齿梳筛出食物。其中一种滤食方式是"前进滤食"，大张着嘴游动，利用精细的梳状鳃耙过滤，只留下浮游生物。蝠鲼和最大的鲨鱼（姥鲨和鲸鲨）就是采用这种方法。须鲸采用一种被称为"冲刺滤食"的策略，通过收缩巨大而有力的喉咙，由排列在颌部的刷状鲸须从水中过滤出一大口食物。须鲸类包括有史以来最大的动物，长须鲸和蓝鲸（可长达33米）。

依靠取食浮游生物把个头撑起来不是现代生物的革新。在侏罗纪和白垩纪时期，主要的大型"前进滤食"者是厚茎鱼类，这是一种在全球分布的硬骨鱼，体型与现存最大的鲨鱼相当。最大的一种是侏罗纪时期的利兹鱼（*Leedsichthys problematicus*），平均长度在7—12米之间，但有时也可能达到15米。与之亲缘性相近的邦氏鲲（*Bonnerichthys gladius*）也是一种大型动物，可能长达5米。一些沙虎鲨家族（锥齿鲨类）的成员可能在白垩纪末期也尝试过取食浮游生物。奇怪的是，尽管中生代的海生爬行类寿命很长，频繁演化出了巨大体型，并且有着多种多样的解剖特征，但它们在这一生态位上似乎并没有突出表现。

而最早的巨型浮游生物食用者是泥盆纪的盾皮鱼——霸鱼（*Titanichthy agassizi*），见对页图。霸鱼是节甲鱼类家族中最后的成员，这是一个种类繁多、数量极大的装甲鱼类谱系，在其生活的五千万年间，始终在海洋生态系统中扮演着多种角色。它们在当时是地球上最大的动物，霸鱼和捕食性的节甲鱼邓氏鱼（*Dunkleosteus*）都有大约6米长。这些巨兽的完整遗骸难以找寻，因为它们骨骼的大部分都由软骨组成，很少能成为化石，只有相对坚固的头骨和装甲保存在岩石记录之中。自19世纪晚期以来，美国、欧洲和非洲各地的岩石中都发现了霸鱼的化石，但关于它的古生物信息仍有很多不确定的地方：我们已经命名了7种霸鱼（5种来自美国），但只有3种有相对较好的化石代表。我们尚不了解霸鱼个体之间的差异有多大，也不清楚它们的身体结构如何随着生长而变化，而且许多霸鱼化石的来源处——它们被发现的确切地点及岩层——极少被化石记录。所有这些因素都让其多样性的评估变得极为棘手。

也只是近几年内，我们才对霸鱼的头骨结构有了理由充足的认识，也发现了更有力的证据，表明它采用了"前进滤食"的方式。邓氏鱼有着极为强壮的颌骨，形成刃状的咬合面，而霸鱼与之不同，有着更小、相对更细的颌骨，没有刃状或其他似齿状结构。它也有一对小眼睛，和一个奇怪的、可以下降的下颌，很可能在张嘴时能够扩大嘴的周长。我们把这些特征解释为是适应"前进滤食"方式的结果，可以想象，霸鱼在富含浮游生物的海洋中张着大嘴，一边游泳一边收获食物，它开创的这种生活方式将在未来数百万年间被许多物种所模仿。

早石炭世的湖泊

早石炭世的淡水鱼体现了鱼类在古生代晚期取得的持久性的成功。虽然一些早期鱼谱系已经灭绝，比如盾皮鱼，但鲨鱼类、有辐条状鱼鳍的鱼 (辐鳍鱼类) 和有肉质状鱼鳍的鱼 (肉鳍鱼类) 都从强大向更强大迈进。肉鳍鱼中的一个类群——扇鳍鱼类——已经适应了在泥盆纪的河口、河流和湖泊中生活。这个转变对于整个泥盆纪和石炭纪具有肉鳍的鱼 (这包括了我们自己) 的演化都非常重要。一旦适应了淡水，扇鳍鱼类就分成了两大类：肺鱼类和四足类——随后演化出了能够在陆地上行走的具有四肢的脊椎动物。

有史以来最大的淡水鱼——根齿鱼 (对页图中间) ——占据着石炭纪的湖泊和河流。这一四足类最早出现于泥盆纪，在晚石炭世灭绝。其中有些种类体型适中——不到1米长——而有些则达到5-7米：与现代大白鲨体长相同。它们是很可怕的动物，能够抵抗水压的下巴上长有两排牙齿，每颗20厘米长，身体上覆盖着坚硬的板状鳞片。它们的牙齿组织呈旋绕的环状排列，这增加了它们的力量，哪怕牙齿只是虚虚地固定在颌骨上，也可以强而有力地刺入。这些特征使根齿鱼成为强大的捕食者，我们能够确定它们会捕食其他大型脊椎动物。其牙齿细节表明，对抗它们的最好防御不是巨大的体型，而是坚实的盔甲。

根齿鱼前鳍宽阔坚硬，移动范围广。它们似乎善于快速转向。但根齿鱼身体的其他部分是一根长长的管子，它们的背鳍、臀鳍和身体下方的腹鳍实际上都并入了尾鳍。这种排列方式似乎更适合强力、迅猛地加速，而不是一直保持高速运动，而且它们具有不同寻常的灵活脊柱，不仅可以左右摆动——就像我们通常见到的鱼那样——还可以上下扭动。尽管根齿鱼身形庞大，但这种身体结构让根齿鱼成为敏捷、机动性强的游泳健将，可能还有助于它们肢解大型猎物：据推测，前肢辅助性的快速摆动，或者尾鳍辅助的快速螺旋式转动，都可将大型动物分解成可食用的小块。根齿鱼面部和鳞片上分布有增强的感觉系统，使它们可以在浑浊的水中察觉到猎物和障碍物。总之，如果你有机会拜访石炭纪，就不用带游泳衣了。

根齿鱼与肺鱼 (对页图中上) 和圆棘鱼 (Gyracanthus，对页图图左右两侧) 共同生活。肺鱼有广泛的化石记录，三叠纪时最多，其多样性和分布数量都达到了顶峰。它们最有名的——从我们的角度来看，也是最先进的特征，就是演化出了呼吸空气的肺，这就是我们自己的肺的前身。它们并不是唯一能从空气中吸入氧气的鱼类，但它们的肺允许它们在离水环境持续生存一段时间，这种习性延续到现代肺鱼，如细鳞非洲肺鱼 (Protopterus dolloi) 能在覆盖有黏液的浅洞中躲避干旱天气。圆棘鱼是棘鱼类中的神秘一员，我们对它的认知完全来自于其有花纹的前肢棘刺和肩带骨。这种大鱼 (约1.25米长) 的很多化石都是在泥盆纪和石炭纪的岩层中发现的，化石表明它的头部很小，有三角形的躯干。然而关于它的更多细节科学家们现在还不甚了解。

普莫诺蝎，古代苏格兰地区的巨型蝎子（石炭纪）

如果有读者对昆虫、蜘蛛或其他长着很多条腿的物种感到恐惧，那你们一定不会想在石炭纪的风景中来一场徒步旅行。虽然这里有沼泽地，有巨大树木、早期针叶树、木贼和蕨类植物构成的郁郁葱葱的植物群，是散步的绝佳场所，但除非你有钢铁般的意志，否则肯定会被超大型节肢动物激发出对虫子的恐惧。半水栖的大型板足鲎在池塘间跑动，而2米长的马陆的近亲——远古蜈蚣虫 (Arthropleura) ——则在沼泽地里匆匆奔走，寻找有营养的植物。在头顶嗡嗡作响的是名为魁翅目的类似蜻蜓的昆虫，其中最有名的是翅膀展开达70厘米的巨脉蜻蜓 (Meganeura)；还有普莫诺蝎 (Pulmonoscorpius kirktonensis) ——一种75厘米长的苏格兰蝎子 (见对页图) ——悄悄跟踪着较小的节肢动物和我们的四足类祖先。蝎子漫长的演化史从志留纪就开始了，普莫诺蝎是有史以来生存过的最大的蝎子。

虽然最著名的巨型节肢动物都是石炭纪的，但这种巨大化作为一个长期存在的现象一直延续到二叠纪。蚐蟒家族的一些成员、已灭绝的古网翅目和几种无翅昆虫的体型也在这段时期有所增大。究竟是什么原因导致了晚古生代节肢动物的巨大化，至今仍是一个存在争论的话题。传统的解释是，大气中更高的氧气含量增强了动物的呼吸作用，使其肌肉更有力，能够支撑更大、更重的骨骼。对这种高氧观点的另一种看法是，较小的节肢动物发现高氧具有一定毒性，这促使它们向变大的方向演化，以更好地应对高氧水平环境。这两种观点都有现生昆虫实验作为支持。

不过，还有几个反对高氧假说的观点很难被推翻。其中最关键的一点是，大多数石炭纪和二叠纪的节肢动物体型都不是很大，也没有证据表明，这一时期节肢动物的平均体型比历史上其他任何时期的都大。这是一个关键点，因为这意味着我们尚不确定只是少数特殊物种 (可能反映了几个谱系的特殊适应性和生态上的变化)，还是全球性节肢动物巨大化的趋势 (更符合环境条件放宽了节肢动物的体型限制这种说法)。幸亏有强大的现代陆生椰子蟹 (Birgus latro) 的存在，我们可以得知高氧对大型陆生节肢动物来说并不是必需的。这种重达4公斤的庞然大物，腿展开有90厘米，通过适应了呼吸空气的类似肺的复杂器官在陆地上停留，这种器官的结构类似于蜘蛛和蝎子的"书肺"。我们知道普莫诺蝎有着类似的适应呼吸机制，如果其功能像椰子蟹的一样，它可能足以吸收普莫诺蝎所需的全部氧气——即便是以现代的氧气水平来说。虽然这并不能解释晚古生代昆虫的巨大化 (它们依赖于一种深入体内气管的低效的气体交换机制)，但这说明，并非所有的节肢动物都需要不寻常的环境因素才能演化出巨大的体型。直到晚古生代，陆地上一直都缺少脊椎动物，这也是我们必须考虑的另一个因素；我们可以肯定这些动物是大型节肢动物的捕食者，也是节肢动物的竞争者，它们在早石炭世的缺席可能给节肢动物创造出了宽松的生态条件，让后者可以在体型方面做种种尝试。我们需要做更多工作来解释为什么石炭纪和二叠纪的节肢动物都长得如此巨大，但我们也要注意到，这里讨论的观点并不是相互排斥的。演化和适应是复杂的，高氧、动物解剖特征的变化和石炭纪环境中轻松的生态压力，这些都对某些古代节肢动物体型增大起到了补充作用，这是完全合理的。

41

四足动物入侵陆地（石炭纪）

生命用了一亿多年才占领陆地。我们已经见过了一些陆地植物和节肢动物作为先驱来到陆地上，但我们还没有讲到这个进程的最后阶段：鱼类艰难前进、爬行、从水中滑行到陆地，最终演化为可以在陆地环境中行走和呼吸。我们一般认为，陆生脊椎动物——或四足动物的演化是脊椎动物演化过程中最重要的一步，对古生代生物圈来说是影响深远的事件。

我们对于四足动物的演化早已有大致了解，但直到最近几十年，这一重大演化事件的细节和具体情况才开始被揭开。早石炭世场景中展示的生物代表了一些最早的类四足动物，这些动物有肢状鳍，但还不能以真正的行走步态在陆地上移动。它们匍匐前进，用副肢推拉自己的身体跨过湖边和河岸。它们来到的并不是晚石炭世常见的那些森林茂密的沼泽，而是植被不那么繁茂的环境。

这张图显示了四足动物演化的不同阶段。图中最左的待命名生物，以及右边和鱼很像的瓦切螈，它们是这一时期脊椎动物陆地演化的缩影。它们可能大部分时间仍在水中生活，捕食鱼或水生无脊椎动物，但厚重的身体和相对强壮的四肢让它们能够进入陆地环境。寻求安全、探索新的觅食机会，以及在水域栖息地之间移动，这些目的都可能是驱动这一行为的催化剂。它们涉足陆地很可能并不需要特殊的行走方式，因为很多近似四足类的鱼类——无论灭绝与否——即便在水中也可以用它们的鳍爬动或行走。因此，早期四足动物的最大挑战不是行走或爬行本身，而是使它们的身体脱离水环境的支撑。化石显示，四足动物一旦开始尝试在陆地上移动，它们很快就演化出了更长、更强壮的腿，这让它们可以在陆地活动得更久，离开水的移动效率也更高。

场景中央的这个像鳗鱼似的物种是一种圆螈，这种动物身体较长、四肢短小、体型扁平。虽然它们比图中展示的其他动物更接近真正的四足动物，但圆螈很可能是行动迟缓的陆生动物，或许已从半陆栖祖先那里重获了水生生活方式。事实上，圆螈从主要的四足类谱系中分化出来，它们反向的演化方式是自然选择复杂性的很好的例子。当我们讨论像脊椎动物登陆这样的重大演化事件时，可能会有一种错误印象，即认为物种在朝着某个目标前进，争取着在遥远的某一代可以达到生物学上的最优状态。但像圆螈这样的谱系表明，演化方向更多时候是机会主义的：生物只做对当时最好的事情，而不是一百代后才最理想的事情。看起来，对于圆螈来说，放弃登陆尝试，转而回归水生生活，这比跟随它们的亲族去适应陆地更为成功。随着我们对四足动物的早期历史认识的增加，我们发现这不仅仅是鱼离开水的故事，也是脊椎动物去适应在水边生活的故事。而只有其中的某些类群会向陆地更深处进发，寻求演化上的进一步革新。

帆螈，一种有背帆的"两栖动物"（石炭纪）

到了石炭纪末期，真正的四足动物漫游在世界各地的地表和沼泽。其中一个类群——羊膜动物——已经从其他四足动物谱系中分离出来，除了喝水需求之外，它们已经脱离了所有和水的基本联系。它们在陆地上生存的最后一个障碍是繁殖：虽然最早的四足动物有能力成为陆地动物，但它们必须在水生环境下产卵。由于羊膜卵的演化，这个问题得到了解决：这是一种外壳坚硬、可抵御干燥的容器，内部含有充足的能量和液体，足以维持和滋养一个发育中的胚胎，此外还有一个高效的气体转换系统，来供应氧气并排出二氧化碳。现在，羊膜动物可以充分利用陆地环境，它们分化成了陆地脊椎动物的两大谱系：双孔类（爬行纲动物）和合弓类（哺乳纲动物）。

还有另一种出现在石炭纪的主要四足动物：离片椎类。这个不同的种类就是所谓的"史前两栖动物"，不过它们与现生两栖动物间的关系仍有争议。离片椎类大都有点像蝾螈，生活在水中或水域周围，但也有一些更适应陆地。它们身形各异，大小不一，占据了相当数量的生态位。很多种类长得像鳄鱼，用它们长有牙齿、宽而扁的脑袋捕食鱼类或伏击岸上的猎物。它们中的一些大部分时间都待在岸上，可能会与肉食性的羊膜动物争夺猎物；而另一些则成了巨大的海洋捕食者。像现生两栖动物一样，它们的幼体阶段也会从头后长出长长的腮，我们有时候会在它们的化石中发现这一点。离片椎类存在的时间跨度很长，在石炭纪、二叠纪、三叠纪都非常繁盛，即便在中生代中它们的多样性和数量有些减少，但它们还是在世界上的某些地方一直坚持存活到了白垩纪早期（也可能更久，如果现生两栖动物被证明是它们的后代的话）。

最值得注意的离片椎类是帆螈（*Platyhystrix*），一种相当大的生物（大约1米长），发现于美国南部晚石炭世和早二叠世的岩层中。这种动物的帆非常引人注目，是由延展拉长的脊柱与裹在皮肤中的骨骼融合形成。帆螈属于双疏螈类，这是一种拥有强大的陆地生存能力的离片椎类动物，周身长有装甲。它的特点是具有长而强健的四肢，发达的带骨，由皮肤中的骨骼加固的强壮脊柱，以及高度骨化的骨骼。这些特征使帆螈具备了持续行走和奔跑的能力。双疏螈类头骨强壮，在颌骨边缘及口腔内长有许多圆锥形牙齿。这些特征让人们对其捕食习性确信不疑，它们发达的眼睛和耳朵的结构很可能使它们具有合适的感官，用来定位猎物以及发现危险。由于具备这些适应的特性，且分布较为广泛，双疏螈类可能在晚石炭世和早二叠世成为了重要的陆地捕食者。与二叠纪合弓纲化石相关联的咬痕及脱落的牙齿都证明了它们的肉食性饮食习惯：离片椎类不仅与羊膜动物竞争食物，实际上还以这些竞争者为食。

有几种双疏螈类有背帆，但这在整个类群中并不普遍。帆的功能还不清楚，但人们已经提出了几个想法：调解体温、强化脊柱、作为防御结构，或作为求偶炫耀的展示物。我们将很快进入有帆动物的专题。

小丑曼蛙和其他两栖动物（全新世）

现代的两栖动物——滑体两栖亚纲——可以分为三个主要的家族：蛙、蝾螈、蚓螈。蛙的种类丰富程度是压倒性的，占据了现生两栖动物种类的90%。与我们在前几页所见到的大而健硕的四足动物相比，滑体两栖亚纲通常是骨骼纤细的小型动物。这就意味着它们不容易变成化石，因而化石记录不很完整。它们与其他四足动物的关系一直存在争议，使得我们对其早期历史产生了困惑。一些推论模型滑体两栖亚纲是离片椎类的一个亚群（这种理论认为，离片椎类在白垩纪没有灭绝），而另一些则支持壳椎类——另一种早期两栖四足动物——是它们真正的演化源头。第三类兼用了这两种观点，认为现代的滑体两栖亚纲中有些源自离片椎类，有些源自壳椎类。目前，科学界更倾向于完全的离片椎类起源说[1]，但这并不能回答我们对滑体两栖亚纲演化的所有问题，比如哪些化石离片椎类是它们最近的亲族，以及它们演化自二叠纪还是石炭纪。

滑体两栖亚纲是在现代文化中很容易被忽略的四足动物。它们大多是小型动物，生活在阴暗潮湿的环境中，在与人类活动的密切联系中挣扎求存，尤其是在受到污染的生态系统中，它们比鸟类、爬行动物或哺乳动物更难得到关注。不熟悉两栖动物是我们的损失。这些非凡的动物为四足动物带来了一些真正让人惊奇的解剖特征：奇特的骨骼、一套与呼吸有关的优异的适应性机能（包括可以通过皮肤呼吸；使用咽式呼吸；有些物种根本就没有肺）、从游泳的具鳃体向呼吸空气的成体转变的生命周期，以及失去的身体部位完全再生的能力。它们的解剖特征和生活方式十分多样。蛙的后肢和腰带结构非常适

合跳跃，但有些物种也擅长攀爬、挖洞和游泳。蝾螈不仅具有蝾螈[2]状的形态，它们也有类似鳗鱼样的变体，更特化适应水生生活。蚓螈可能是滑体两栖亚纲中最奇怪的，它们没有四肢，生活在地下或溪流底部，外形依其大小类似蠕虫或者蛇。化石表明，滑体两栖亚纲在遥远的过去具有与现在相似的身体形态：恐龙见到现代的蛙、蝾螈或蚓螈也不会感到惊讶。

今天，两栖动物遇到了真正的逆境。自20世纪50年代以来，世界各地已有数千种两栖动物的种群数量急剧下降，它们的灭绝至今仍未停止，严重程度一如既往。由于几十年来两栖动物类群持续受到的压力，数百个物种现在已被列为极度濒危物种，很多如今只能在圈养环境中生存。两栖动物的生命周期需要土地和水域，这意味着它们非常容易受到环境变化的影响，气候变化（与紫外线辐射增加相关）和栖息地退化是两栖动物数量危机的主要原因。疾病（可能由旅行的人类传播，因栖息地变化而加重）以及外来捕食者的引入也造成了严重的伤害。因宠物贸易而抓捕野生个体已经使一些野生两栖动物的数量减少到危险的水平，甚至使它们像著名的具鳃蝾螈——墨西哥钝口螈那样处在野外灭绝的边缘。很多时候，像小丑曼蛙（*Mantella cowanii*，见图）这样的两栖动物在我们还没来得及了解它们的生物特征时就已经濒临灭绝了。关于保护两栖动物，我们必须要直面的问题是，如果不立即采取有效的措施保护它们，这个四足动物演化的大分支将会在我们的有生之年灭亡。

---

1. 现代分子生物学研究已经可以证明，滑体两栖亚纲与离片椎类存在密切的演化关系。

2. 此处原文中是salamander和newt，在汉语中二者的意思都是蝾螈，但实际上newt在英文语境中更多指生活在水生环境的蝾螈。

卡色龙: 陆生脊椎动物向植物宣战(二叠纪)

食肉动物的用餐风格往往是时间频率不稳定、严防死守、风卷残云(又或者三者兼而有之),与之相比,植食性动物的吃喝就像是在一条舒适的街道上漫步。毕竟,吃植物有什么难的呢?它们数量庞大、触手可及,而且大都对吞食者的身体部位没有攻击性。但实际上食草是一种比乍看之下要艰难得多的生活方式。我们动物同胞的肉相对容易消化并且富含营养,因为它们与我们的组织有相同的化学形式。但植物却相反,是由与我们不同的细胞组成的,这使它们难以消化且缺乏营养,以至于许多现生植食性动物偶尔也不得不吃动物组织作为加餐。其实,想要适应以植物为基础的食谱,动物的身体需要具备一些重要的因素:可以接触、切割植物组织的耐磨损口部;可以粉碎坚韧的细胞的消化机制;能够容纳大量体积庞大的植物性物质并吸收其中营养的肠道;以及能够负担较大体重的身体。食草看起来很简单,但实际上比食肉更复杂,在生理上更具挑战性。

四足动物用了几百万年才发展出能够吃植物的谱系。在这个生态位上最先成功的是卡色龙类,这是一种石炭纪和二叠纪的大型羊膜动物,看起来像爬行类,但其实与哺乳动物的关系更近。卡色龙属于合弓纲,这是四足动物的主要演化支,包括哺乳动物和我们的祖先。我们的合弓纲早期亲族是晚古生代主要的陆生脊椎动物,石炭纪时,它们从表面看还是类似爬行类或两栖类的动物,到了二叠纪,则转变为了各种各样的似哺乳动物。卡色龙是最早的合弓纲动物的一支,在二叠纪的大部分时间里,它们都分布广泛、数量庞大,生活区域跨越北美、欧洲和俄罗斯,并且比其他一些早期合弓纲及植食性动物生存得更久。它们是二叠纪陆地上最大的动物之一。其中有些物种,比如我们已经完全确知的罗氏杯鼻龙(Cotylorhynchus romeri),长度一般超过3.5米,重量达300公斤;而另有一些——比如汉氏杯鼻龙(Cotylorhynchus. hancocki),如图所示——体长可达5—6米,重达半吨。

最早的卡色龙类可能是食肉动物,但这个类群很快就转为了只吃植物的动物,胸腔变为桶状、头部变小,有着庞大、舒展的四肢。乍一看它们的小脑袋有些可笑,但其实与草食龟和蜥脚类恐龙的比例差距并不大。如果草食动物有足够高效的肠道,它们的嘴就可以只用于采集植物,而无需巨大的头部和坚实的牙齿来咀嚼。卡色龙的下颌拥有与鬣蜥相似的牙齿排列,上颌是一列较小的牙齿,嘴里还有一条强有力的舌头(没有直接保存下来,但用于稳固喉咙和舌头组织的强壮骨骼可以证明这点)。总的来说,这些解剖结构使卡色龙类可以先把植物嚼碎、撕开,再把它们送到扩展的肠道中消化很长时间。它们的肠道容量和牙齿似乎很适合处理高纤维植物,这是表明这种动物完全在陆地生活的古生物细节之一。

卡色龙类的四肢很粗壮,巨大的手脚上都有大而尖的爪子。它们的大部分肢体结构都被认为是为了适应巨大的体型,但事实上,即便是小型的卡色龙类也有健硕的四肢,这说明其功能不只是支撑巨大的身体。它们或许是出色的挖掘者,强健的前肢和有力的爪子可能用于将植物连根拔起,以便获取有营养的根部,又或者是用来挖洞的。想到这么大的动物挖洞似乎有些奇怪,但我们知道,同样大小的地懒和熊都有这样的本领,所以如果完全不考虑这种格外强大的灭绝动物也可能会有这样的行为,那就太过疏忽了。

49

异齿龙（二叠纪）

在所有早期合弓纲动物中，最有名也最有魅力的当属异齿龙（Dimetrodon），对这种动物最合适的形容是鳄鱼和公牛杂交出的小猎犬，还长有背帆——这是最复古的身体附件。异齿龙属于楔齿龙类，这类食肉动物首次出现在石炭纪，生活在如今的欧洲和美洲，于中二叠世灭绝。它们代表了合弓纲演化过程中的一个阶段，即在一定程度上比卡色龙更像哺乳动物，但仍然在很多方面非常接近爬行动物。许多楔齿龙都很小（只有半米多长），但也有一些，包括一些异齿龙，总长度可达4.5米，体重有250公斤。大型楔齿龙类可能是二叠纪陆地食物链中的顶级捕食者。

异齿龙出现在二叠纪，主要分布在如今美国和德国所在的地方，人们已经从其丰富的化石中确认了多达20种不同的异齿龙。然而，现代科学家对其多样性的评估表明，其中只有约13种是有效物种。图中所示的这些动物在分类学上属于一种发现于得州的大型异齿龙——大异齿龙（Dimetroden. grandis），它是最具代表性、被研究最多的异齿龙。化石骨骼的化学成分能提供一些细节信息，告诉我们这些动物吃了什么、它们是从哪里获取食物的。研究表明异齿龙主要是陆地捕食者，但可能并不是挑剔的食客。它们中小体型的个体可能吃昆虫和小型脊椎动物，更大的则会捕食鱼、两栖动物或其他合弓纲动物。异齿龙的胃容物和猎物上的咬痕证明了这种说法，这些猎物包括长着"回旋镖形脑袋"的壳椎亚纲动物笠头螈（Diplocaulus）和淡水鲨鱼。在场景的另一侧中，一只笠头螈被从洞里拖了出来，然后被异齿龙一家吃掉了。

异齿龙背帆的作用是一个复杂的话题。背帆在一些楔齿龙类和早期合弓纲动物中算是常见，但又并不是特别普遍，在身体构造上并非必不可少。事实上，与异齿龙生活在同一时间地点的还有无背帆的大型楔齿龙类——楔齿龙（Sphenacodon），这说明促进背帆演化的不是环境条件。背帆可能会带来实际的好处，比如帮助这些个体在阳光照射下取暖或者在微风中凉爽下来。但它们也有缺点：生长和维护背帆需要投入大量的资源、会限制这些个体在凌乱的栖息地中移动的灵活性，还会让这些个体在捕食者面前变得很显眼。对异齿龙背帆生长的研究表明，如果作为体温调节器来说，它们的生长速度过于迅速，尺寸也过于庞大了；但与现生物种用于求偶炫耀的身体结构相比，其生长速度和尺寸就合适得多。这暗示了社会选择的压力——背帆的作用是作为一种展示物，用来吸引配偶或者威慑竞争者——要大于生理性能上的压力，我们发现背帆在二叠纪动物中的分布非常随机，这也印证了这个观点。现生动物的展示性结构往往具有相同的特征——复杂、不稳定地出现在演化谱系中，与基本的生理功能相脱离——我们可以假定，远古物种的某些复杂身体结构也是为了同样的目的而出现的。

在对异齿龙背帆的研究中，人们意外发现了其中的软组织成分。每个支撑背帆的骨头上都有多变的表面纹理，这意味着在异齿龙的一生中，有三种类型的组织覆盖在它们的背帆上。基部固定在肌肉上（不出所料，组成异齿龙背帆的支柱与所有脊椎动物支撑背部肌肉的结构相同），基部的大部分被蹼状皮肤包裹。这种组织的准确性质尚不清楚，但帆柱上愈合的骨折痕迹说明它足够强韧，可以在骨骼断裂时起到固定作用。第三种纹理类型是在顶端发现的，显示出在帆柱组织的顶部有一些刺突。有些异齿龙的刺在末端扭曲向不寻常的方向，这可能是它们脱离了下方蹼状结构的进一步证据。

旋齿鲨（二叠纪）

"神秘莫测"这个词总被滥用在化石动物身上，但曾在早二叠世海洋中畅游的软骨鱼类——旋齿鲨 (*Helicoprion*)，毫无疑问十分适合这样的描述。我们已知的旋齿鲨标本大约有100个，几乎所有的标本都体现了相同的身体部位：一个螺旋状的涡盘，沿着外侧边缘排列着大量 (有时超过130颗) 两侧扁平的三角形牙齿。长期以来，承载这一奇异结构的软骨颌骨和旋齿鲨其余的骨骼都难觅踪迹，这使得自从19世纪末发现第一块旋齿鲨化石以来，人们就一直对其功能和解剖结构感到困惑。艺术家们尽其所能让一些难以置信的解释看起来说得通。这是不是一个上颌的突起结构，有点像盘绕着的剑鱼吻部？它是从下颌垂下来的吗，像一排参差不齐、螺旋状的牙齿？它是以某种形态长在嘴里的吗？会不会其实就是个下巴——有可能是个长相怪异的鳍吗？

最近发现的旋齿鲨标本保存的颌部组织解开了这个世纪之谜。实际上，这个螺旋大部分是下颌，最大的牙齿是嘴中频繁使用的牙齿。更老、更小的牙齿和螺旋形的基底会随着这种动物的成长卷入下颌中。所以这个旋齿有点像鲨鱼下颌，旧的牙齿被挤出，新的就会转动到空出的位置上，二者的区别在于，旋齿鲨会在下颌中把使用过的牙齿悉数保存，而不是让不怎么用的牙齿脱落。这个标本在解释了这个令人惊讶的结构的同时，还表明它们的上颌完全没有齿列，而下颌只有一排牙齿；这个外形让人想到了圆锯及其护壳，而不是传统的口腔。似乎只有旋齿的前端和顶部会露出来，当嘴巴张开或闭合时，下颌会前后移动。这一机制连同弯曲的牙齿，可能会把猎物拉入嘴中，起到抓捕以及切割猎物的作用。旋齿鲨的牙齿没有受到磨损，这表明它们主要以软体动物为食，比如头足类 (章鱼、鱿鱼和它们长着壳的近亲，如鹦鹉螺，见图示)。一个固定在下颌的软骨带可以防止旋齿咬到上颌，这也限制了嘴的闭合程度。

虽然旋齿鲨下颌的秘密即将揭开，但令人遗憾的是，关于这种动物还有很多其他方面的问题仍未得到解答。旋齿鲨属于名为尤金齿目的鱼类，这是一种和鲨鱼及鳐鱼关系很近的支系，与它关系最近的现生物种是银鲛类，这是一个体型从小型到中型的鱼类大类，类似鲨鱼。但我们对旋齿鲨下颌之外的解剖特征还没有什么具体的概念，甚至连身体大小和总体比例这样的基本信息都是未知的。因此，我们对旋齿鲨的生活方式和外观的认知很有限，你所看到的这种鱼的全身复原图充其量只是一种有根据的推测。不过我们可以肯定的是，旋齿鲨是一种非常成功、分布广泛的动物。它在全球各地代表二叠纪海洋的岩石中都有发现，而且有时数量还相对较多。它似乎已经存在了至少一千五百万年，在这段时间里演化出了很多种类。来自三叠纪的一个单独个体记录被看作是旋齿鲨存活至中生代的证据，但现代的研究人员对这种解释持怀疑态度，因为这个化石的发现者对该化石的来源缺少记录。这个所谓的三叠纪旋齿鲨标本相关的地质细节也与二叠纪标本相吻合，这说明将它作为三叠纪标本这一说法极有可能是错误的。

二齿兽（二叠纪）

二齿兽很好地向我们证明了合弓类适应环境的潜能。这是一类分布广泛、数量众多、种类丰富的植食性动物，在二叠纪和三叠纪时期生活在地球上的绝大部分地区。与我们之前讲到的卡色龙类相比，二齿兽发展出了更复杂的食草方式，能够使用颌部切碎植物，然后在巨大的肠道中消化。它们在三叠纪末期走向了终结，而在这之前，在二叠纪和三叠纪的大部分时间中它们都是陆地上优势的食草物种，其原因可能正是这种高效的食用植物的方式。澳大利亚白垩纪岩石中的一块颌骨碎片似乎表明，二齿兽在我们假定的灭绝时间之后又存活了一亿多年，但这个令人激动的说法现在受到了极具说服力的挑战，它很可能是错误的。相反，这个标本很可能是一个保存状态不佳的上新世或更新世有袋类哺乳动物的颌骨。

二齿兽在中二叠世时由合弓纲兽孔目中的一支演化而来。相比合弓纲的异齿龙，兽孔目动物表现出更多哺乳动物的特性，它们有更为笔直的四肢；前肢与后肢不再像蜥蜴那样不对称；具有哺乳动物的头骨、牙齿和感觉能力；它们的生长速度和体温似乎都很高。尽管这些都是朝着典型哺乳动物特征迈进的重要步骤，但我们不应该夸大它们的"哺乳动物化"。像二齿兽这样的早期兽孔目动物，它们的解剖特征距离真正的似哺乳动物还有一段距离，我们还没有在这个物种身上找到典型的哺乳动物软组织的证据，比如皮毛。

二齿兽的迅速扩张使它们在二叠纪末期成为地球上数量最多的大型陆生动物。有些种类，如水龙兽（Lystrosaurus），分布非常广泛，出现在多个大陆，它们的化石有助于证实关于大陆漂移的早期观点。从形态上看，二齿兽的体型多样，一些成员具有适合挖洞、小而长的身体，如对页图中右侧的小型动物小鼻小头兽（Cistecephalus microrhinus），另一些则是长4.5米、重5—7吨、有着大象般体型的巨型植食性动物。所有二齿兽都长得很健壮，头部比例大，除了大多数二齿兽具有突出的獠牙（或类似獠牙的结构，但具有三叠纪的特殊形态）外，通常没有其他牙齿。借助强大的颌部肌肉，它们用又窄又深的喙来啄食植物。它们的嘴闭合时，钩形下颌会向后滑动，形成剪切的动作，像剪刀一样切碎植物。对于植食性动物来说，能在吞咽之前将食物切断或咬碎是一个很大的优势，因为这样有助于在消化之前分解坚硬的植物组织，使它们更容易吸收其中的营养。因此，动物的咀嚼机制不断发生演化，在整个地质时期中，我们经常看到在植食性动物生态空间中占优势地位的不是吞咽进食的动物，而是咀嚼进食的动物。许多二齿兽脸上都有头饰或其他装饰性结构，如发现于南非的二叠纪物种，畦头齿兽（Aulacephalodon peavoti），见图。它们还有着长有獠牙的坚硬头骨——可能预示着它们会有对抗及防御行为。生活在二叠纪的捕食性合弓类动物，以及三叠纪的各种肉食性爬行动物，很可能都以二齿兽为食。

二齿兽是为数不多的从二叠纪一直存活到爬行动物占优势地位的中生代世界的合弓纲动物，直到那时二齿兽仍是占优势的陆生植食性动物，直到食草恐龙取代了它们的位置。然而，许多其他古生代物种就没这么幸运了：对于大多数生活在二叠纪末期的物种来说，事情即将发生非常非常糟糕的转折。

大灭绝：二叠纪末灭绝事件

在二叠纪即将结束时，地球上的生命经受了最严峻的考验：一次抹去了95%海洋物种和超过70%四足动物的灭绝事件。演化史基本上被重置了：主要谱系灭绝、生物群落崩溃，古生代所达到的生态复杂性在很大程度上被破坏了，陆地和水生生态系统也同样遭到了肆虐。在之前的几亿年间，没有任何一次灭绝事件对生命产生的影响足以比肩二叠纪末大灾难——或者以更常用的说法——"大灭绝 (the Great Dying)"。

关于二叠纪危机的产生原因仍存在一些争议。二叠纪对于生命来说已经是一个有些动荡的时期了，因为不断漂移的大陆板块已经相互交叠，形成了超级大陆"泛大陆"。在地球45亿年历史中，超级大陆多次形成和分裂，但泛大陆是显生宙时期唯一存在过的超级大陆。超级大陆的形成会对气候和环境产生大量影响，包括海岸线和浅海栖息地的衰退。海岸线和浅海是地球上物种最丰富的环境之一，所以它们的消失导致了物种多样性锐减，这一点反映在了二叠纪最后的化石层中。然而，这本身并不能解释大灭绝，因为我们可以清楚看到二叠纪末期生命的消失是非常迅速的，而不是大陆慢慢合并成一块陆地后长期缩减的结果。此外，虽然泛大陆的形成导致了一些群落中生命的消失，但也有一些环境对这一大陆的形成有正向的反馈，生物多样性反而更丰富了。二叠纪末大灭绝的原因更有可能是一个相对突然的事件，发生在2.52亿年前的古生代末期。

恰好有一个重大的地质事件可以追溯到这个时期，它很可能是二叠纪灭绝事件的重要催化剂。二叠纪末期，在如今的西伯利亚北部地区的火山进入了一个猛烈的喷发阶段，向大气中释放了大量的火山灰和温室气体。这一事件的规模在显生宙是前所未有的。地质数据表明，这次喷发的岩浆和其他火山碎屑物覆盖了现在俄罗斯北部超过200万平方公里的土地。这个结果并非来自那种俗套的史前火山——在缺乏想象力的古生物艺术中你会看到的那种作为背景的圆锥形火山——而是出自大规模的裂隙喷发，地壳的裂缝可以延绵数公里，释放出大量的火山物质。二叠纪的裂隙喷发持续了数十万年，向大气中注入了火山灰和尘土，让地球变暗，产生了酸雨，并在温室气体的作用下使全球温度升高。这场喷发经由煤床产生，进而加剧了对气候的影响，因为它将大量二氧化碳——一种强效的温室气体——排放到了大气中。

海洋生命在二叠纪事件中遭受了极为严重的冲击。飙升的二氧化碳水平提高了海洋的酸度，使得石灰质的贝壳和骨骼很难形成，温度的变化也改变了海洋环流。海洋含氧量下降，而表层水温上升到难以忍受的水平——可能高达40℃。陆地上的生命也忍受着极端高温，郁郁葱葱、繁盛多样的森林栖息地沦为一片贫瘠之地。几十万年间，生命被烘烤、因窒息而死，几乎要走向彻底毁灭。

现代自然界的基础（三叠纪）

我们对集群灭绝的兴趣主要集中于那些刺激的部分：灾难性事件、极端环境条件、巨大的物种消亡数量。但这些事件的后续对于我们讨论生命演化同样重要。集群灭绝的影响很难轻易消除，往往会带来连锁反应，环境条件和全球栖息地的崩溃会在最初的灭绝事件后持续数百万年。我们的生物圈非常强健，具有高度适应性，但如果气候、海水的化学成分和海洋环流的基础遭到了冲击，与标准的运作模式差异过大，那环境要回归到宜居条件就只能以地质学的速度缓慢进行。这些发现可以说是古生物研究中最重要的发现之一，尤其是，我们对于现代气候变化加速、生物多样性危机和海洋条件变化的担忧日益加深，这些发现就更显得重要。

二叠纪末大灭绝之后，生活在陆地和海洋的生物都处于一个困难的时期。陆地上大量植物的缺失导致了栖息地多样性及食物供给的减少，土壤和基岩暴露在侵蚀作用之下，从而使大量陆地碎块被冲刷进水体中。这似乎不太严重——风吹来的一点点沙子能有什么坏处？——但这其实会在海洋中制造混乱。海水的盐度过高会对海洋生物的进食及繁衍行为产生不利影响，也会有损它们调节体内水盐平衡及发育强壮骨骼的能力。这些碎块还促进了微生物的爆发，大量微生物死亡之后，海洋的氧气水平会趋于停滞，进一步给海洋生物带来压力。一些水生栖息地被沉积物淹没，如果物种能适应在沉积物之中或在其表面生活就可以得以延续，但适应了其他栖息地的物种便开始走向衰落。由于全球气温和海洋酸度普遍居高不下，我们就不难理解为何有许多海洋物种——甚至那些在二叠纪末事件初期幸存下来的物种——无法在这种环境中生存太久。大约五百万年后，生物多样性开始恢复，又过了几千万年才达到了灭绝事件前的水平。

在中生代重新定居地球的动物和二叠纪的动物大不一样。三叶虫、板足鲎、棘鱼、几种主要的珊瑚和昆虫类群，许多合弓纲和一些早期的爬行动物谱系已经消失了。固着在海底的动物——如曾经数量众多的腕足动物——受到的冲击尤其严重，它们再也没能恢复往昔的多样性。取代它们的是我们更熟悉的生物类型和生态系统："现代"自然界的基础便是脱胎于二叠纪的灰烬。海洋环境中，新的珊瑚、双壳类、螺类和海胆多了起来；陆地上，生活着大量似哺乳动物的犬齿兽类，以及一个到目前为止都相当默默无闻的演化谱系：爬行动物。自石炭纪演化出来之后，爬行动物基本上一直被合弓类排挤，而三叠纪正是它们要登上世界主宰位置前的幕间休息。三叠纪刚开始的时候，它们是相对不太起眼、有些像鳄鱼的物种——比如被发现于巴西的奇异猛鳄（*Teyujagua paradoxa*，对页图中右）以及同时期的矮胖身材的三角头前棱蜥（*Procolophon trigoniceps*，对页图底部）。到三叠纪末期，爬行动物开始占据陆地生态系统的主要地位，还发展出了多种多样的海洋生物形态，并且已经适应了动力飞行——对于脊椎动物来说这是第一次。面对爬行动物的崛起，二齿兽表现出了一定的适应力，但在三叠纪末期，它们却将植食性动物的生态位让给了蜥蜴家族。随着三叠纪走向结束，在爬行动物演化的高潮中，几个较大的谱系为占据优势陆地捕食者和食草者的生态位而展开了竞争：具有高度适应性并且十分成功的演化支——恐龙，成为了赢家。

王蜥，一种"低等脊椎动物"（全新世）

我们今天所知道的爬行动物，相比于这个类群在演化史上曾经有过的解剖特征和生态多样性，只给我们留下了一个范围狭小、还可能有些误导性的群体特征。现代爬行动物包括龟类、鳄类和鳞龙类（包括蜥蜴、蛇和喙头蜥）。从它们有鳞片的身体、摊开的四肢和受到环境控制的"冷血"身体——对页图中的王蜥（*Basiliscus basiliscus*）身上就有全部这些特点——可以很容易辨认出它们。然而，如果我们从爬行动物演化的整体角度来看，就会发现很难对它们下定义。除了今天活着的那些物种，爬行动物的化石记录中还包括"温血"动物，它们新陈代谢率提高，有着直立的姿势和毛茸茸的皮肤。古代爬行动物包括恐龙、翼龙、几种庞大的水生谱系和许许多多很难分类的奇怪类型——所有这些动物的生活方式和解剖特征都与它们在现代生活的表亲非常不同。我们还必须把鸟类归为爬行动物的一个类型，它们的祖先是食肉恐龙中的一员。这样看来，爬行动物不仅仅如我们今天所知是长有鳞片的动物，更是演化的一件杰作，是自三叠纪以来在世界各地的栖息地中都表现出色的一个家族。

人们对爬行动物的系统发生学做了深入研究，现在对它们的演化脉络也有了很好的理解，不过龟类的起源仍然难以确定（后面会谈到这个话题）。鳞龙类代表了爬行动物的一个主要分支，另一支是主龙类及其亲族。主龙类是鳄类家族的演化源头，也是诞生出翼龙、恐龙及鸟类的谱系。这一类群的起源很古老，鳞龙类和主龙类最早出现在二叠纪，主龙类在三叠纪分化为鸟和鳄[1]两条演化支。分歧如此深远，现生爬行类只在表面上有相似之处也就不足为奇了。一旦我们仔细观察，就会发现它们在解剖学的细节上是完全不一样的。

1.鸟跖类（Avemetatarsalia）和伪鳄类（Pseudosuchia）。

尽管爬行动物在演化上取得了成功，但人类仍然把它们视为次等动物。历史上科学家们曾认为爬行动物、两栖动物和鱼类是"低等"脊椎动物：智力较低、身体结构原始，在生理和行为上都只是鸟和哺乳动物这类"高级"物种的影子。在更大众的文化中，爬行动物的特征——有鳞片、"冷血"、爬行步态——常用于辱骂或形容对象可疑。但是对"低等"脊椎动物的持续研究表明，我们对它们体能和智力的传统观点失之偏颇，因为我们总认为人类和在生物学上与我们相似的物种是所有生物都渴望达到的演化巅峰。举例来说，虽然与外展的四肢相比，直立的四肢可能会带来更大的能量优势，但伸展摊开的四肢在攀爬、冲刺和多次加速方面具有更大的稳定性和优势。这些特征非常适合许多小型四足动物的生活方式，它们保持这种所谓"原始的"姿势很可能反映出这样一个事实：哺乳动物的直立四肢是一种演化适应性的折中选择。同样，爬行动物维持生理机能所需要的食物量只有同等大小的温血动物的10%，这使得爬行动物比哺乳动物和鸟类更适合在食物供给量低的地区生活。并没有研究能证明新陈代谢缓慢与行为复杂性减少、智力水平低有关联。爬行动物似乎有很好的记忆力、灵活多变的（而不是纯粹的本能）行为和解决问题的能力。它们甚至会做游戏，就像哺乳动物和鸟类那样。鳄鱼会玩拴住的球，龟会和动物园管理员做拔河比赛，或者高兴地在池塘周围把东西扔来扔去。科莫多巨蜥是现存最大的蜥蜴，它们会参与一种非常复杂的娱乐活动，与训练员一起用球、水桶和鞋子玩耍。这些所谓的低等脊椎动物绝非哺乳动物和鸟类之下的物种；它们是与我们相当的同伴，在地球演化史上能占据突出地位、繁衍至今，这绝不仅仅是侥幸。

两栖鱼龙（三叠纪）

演化史上有一个稍微有些反常的事实，在羊膜动物演化为不依赖水环境生存的几百万年里，有几类生物的适应性做了一个180°大转向，重新侵入了水生领域。当然，羊膜动物到现在已经失去了水中生存所需要的关键适应因素：它们长有四肢而不是鳍，呼吸空气，产下的卵如果浸入水中就会溺死。如果我们需要一个例子来说明自然选择是多么任意、投机、反常，那么二叠纪和三叠纪次生水生羊膜动物的演化就是个好样本。

第一个180°大转向是由中龙类发起的，这是一群形似蜥蜴的二叠纪动物，与爬行类羊膜动物的关系尚未确定。中龙似乎在相对短的时间内尝试过次生水生生活，但等到三叠纪羊膜动物可以完全生活在海洋中时，它们已经消失了。从三叠纪到白垩纪末，地球的海洋中充满了爬行动物：鱼龙、蛇颈龙、沧龙、海龟和其他演化亲缘关系还未确认的特殊生命形态。这些爬行动物中有许多种类在水里就像鲸或海豚一样舒服，它们是游泳健将、娴熟的捕鱼者，能够直接生下幼崽，而不需要离开水去产卵。更值得注意的是，"海洋爬行动物"不是单一的类群，而是几个独立进入海洋的不同谱系，在海洋生活过程中出现了趋同适应性。爬行动物发展出水生适应性的次数是一个悬而未决的问题，因为一些类群的演化源头——包括著名的鱼龙和蛇颈龙——仍然难以确定。

三叠纪对于海洋爬行动物演化史来说是一个特殊的时期，这要归功于许多不寻常的谱系，它们都没能在中生代晚期存活下来。这之中包括柔腕短吻龙 (*Cartorhynchus lenticarpus*)，一种来自中国的小型海洋爬行动物，代表着鱼龙演化的早期阶段。相比其他水生爬行动物，鱼龙的身体改造最适合游泳，它们最终长成了类似鱼的模样，完全不像在陆地上的祖先 (因此得名"*ichthyosaur*"，意为"鱼蜥蜴")。但它们不是一夜之间就有了这样的身体。与后来的鱼龙相比，最初的鱼龙保留了一些相对"陆地"的特征，包括长而纤细的尾巴而非尾鳍、相对较长的四肢、短短的身体以及常规的头骨和牙齿。其中许多特征都出现在短吻龙 (*Cartorhynchus*) 身上，比如非常长、灵活而弯曲的前肢，这能够使这个物种在陆地上移动。但短吻龙显然主要还是一种水生动物，致密、沉重的骨骼可以降低浮力的影响，真正的鳍状肢取代了用于走动的四肢，还拥有适合吸食 (一种水生觅食方式，通过快速、有力地扩张口腔将猎物吸入嘴中) 的颌部。如果短吻龙在陆地上漫步，它们可能并不能快速而敏捷地活动。相比于海豹或水獭，鱼龙的行动模样或许更接近海龟和弹涂鱼。也许它离开水只是为了躲避捕食者、休息或者跨越陆地前往与海洋有间隔的水体。

奇怪的是，尽管短吻龙看起来像是一个从陆地到海洋的"过渡"物种，但它在当今鱼龙演化表中的位置标明，它源自已经高度适应海洋生活的物种。因此，如果短吻龙是一种两栖的鱼龙，它代表的是一种适应了陆地生活的水生物种，而不是反过来。也许短吻龙代表了这样一类鱼龙家族，它们永远不会只安守于陆地或是海洋的某一边，而是随着适应机会的出现而在两者之间往来。

63

叛逆腔棘鱼（三叠纪）

活化石这个词有许多定义。其中一种便是指那些与化石亲族极为相似的现代动物，它们演化速率缓慢，将远古的、已灭绝的祖先发展出的解剖特征保留到了现代。第二种定义适用于那些首先发现了化石、之后才又在现代世界中找到的属于这一谱系的现生物种。这些物种有时被称为"复活生物"——它们就像圣经中的拉撒路一样，死而复生。

这两种定义都适用于腔棘鱼目的腔棘鱼 (*Latimeria*)，一种与肺鱼和四足类关系最近的大型 (2米长) 肉鳍鱼。腔棘鱼从泥盆纪到白垩纪间都有良好的化石记录，我们对它们的研究历史也相当悠久，早在19世纪早期就有人开始研究它们的化石。19世纪的古生物学家发现，干枯在岩石中的腔棘鱼化石记录距今约七千万年，所以他们合理地假定腔棘鱼早已灭绝，可能是白垩纪末那场摧毁了大量海洋生物的集群灭绝的受害者。我们可以想象，当1938年一条活着的腔棘鱼在印度洋被捕获时，古生物学家们感到多么地惊讶，特别是因为这个活样本和地质记录中的样本差异甚小——从各个意义上说都是真正的"活化石"。目前已知有两种现存的腔棘鱼：极度濒危的西印度洋腔棘鱼 (*Latimeria chalumnae*) 和印尼腔棘鱼 (*Latimeria menadoensis*)。

然而，现代鱼类专家反对将腔棘鱼视为"活化石"。首先，腔棘鱼的DNA显示出了典型的突变速率和变化，没有任何证据表明 突变速率是缓慢或者停滞的。这并不意外，因为尽管腔棘鱼占据的深海栖息地经常被认为是"失落世界"，但它其实和其他环境一样是动态变化的。我们没有理由认为腔棘鱼的演化速率会降低，或者可以因此受

益。其次，腔棘鱼化石种类繁多，已知的种类超过了130种，有各式各样的大小和形态。不同的身体比例代表着不同的运动方式，而颌部解剖特征的差异暗示着饮食偏好的区别。有些腔棘鱼是5米之长的远洋巨轮，而另一些则小巧坚实，适合在海底游走而非生活在开阔的海域。我们知道许多古代腔棘鱼生活在淡水栖息地，而不是海洋环境，它们的鱼鳔 (帮助调节浮力的器官) 结构基本上表现出了现生物种与灭绝物种间的差异，说明它们习惯的水深是不一样的。对页图中展示的是一个不同于现生腔棘鱼的化石腔棘鱼物种，它有1.3米长，生活于三叠纪，这便是叉尾叛逆腔棘鱼 (*Rebellatrix divaricerca*)。这种加拿大腔棘鱼最明显的特征是巨大的分叉尾巴，这种鱼鳍的形态在其他腔棘鱼中还未发现，人们认为这与强大而持久的游泳能力有关。叛逆腔棘鱼的头骨还未被发现，所以我们不清楚它确切的饮食情况，但它流线型的身躯和有力的尾巴可以与某些鲨鱼和掠食性鱼类相媲美，这表明它可能是一种可以做快速追击的捕食者。它们的生活方式与现生腔棘鱼在海底相对安静地进食的习惯非常不同，后者会利用深海洋流在觅食区域漂流，只在有需要时才会游动。

因此，我们很难将现代腔棘鱼当作是"活化石"。腔棘鱼没有一成不变的身体结构或者适应性的生活方式，就像他们的演变速率没有变缓一样。的确，"活化石"的整个概念是有问题的：任何深入表面细节之下的生命研究都无一例外地表明，演化和适应通常都不是静态的。

引鳄（三叠纪）

许多三叠纪爬行动物都有迷人的粗糙外貌。传统的爬行类身躯和四肢，与独特、甚至堪称奇异的头颈在它们身上结合在了一起。这似乎表明这些动物的演化过于匆忙，还没能使它们完全适应特定的生活方式，仅仅是改变了一些基本地身体要素。很可能真相就是这样。许多三叠纪动物迅速占据了被二叠纪集群灭绝清空的生态系统，由于缺少原有物种的竞争，它们可能不需要像后来占据相同生态位的动物那样优化身体结构，就能适应新的生活方式。但是表象可能具有欺骗性，我们不应假定这些动物在某种程度上"不如"后来的动物。许多三叠纪的爬行动物，虽然看起来外表"粗糙"，但都存活得很久，其谱系枝繁叶茂，能够与晚三叠世那些看起来更复杂的爬行动物相抗衡。

这些有着不寻常身体比例的物种中就有引鳄类。这种头部巨大的爬行动物有着1200万年的演化史，贯穿三叠纪世界的早期和中期。它们的化石只在北美和南极被发现过。它们与主龙类亲缘最近，但与任何现生爬行动物谱系关系都不大。引鳄类中的许多种类都是通过相对完整的骨骼为人们所了解的，我们对它们整体的身体比例和骨骼结构都有相当多的认识。有些种类体型很大，身长近5米，而另一些——如对页图中的马迪巴格尔赞鳄 (*Garjainia madiba*) ——只有2米长。它们最独特的地方是硕大的头和颌部，锋利、弯曲的掠食性牙齿暴露了其用途。引鳄的头很可能不像看起来那样会对它的主人造成妨碍。引鳄类的鼻腔充满空气并且很窄，所以只有头的后部——有大量肌肉支撑着强有力的颌部——才会格外宽而沉重。因此，它们的头也许会比看上去轻，我们可以从它们的解剖特征中看出，颈部扩张的肌肉和强壮前肢是它们用来操控超大号颌部的机关。据了解，它们的四肢长而健壮，由此我们认为引鳄类可能能够保持半直立的姿势，而不是像蜥蜴那样平摊四肢。

这些非凡的动物究竟是如何生存的，这一点仍有待研究。按照以往的说法，人们认为引鳄类的巨大头部决定了它们具有水生习性，因为要支撑前端沉重的解剖结构，水必不可少。在这种观点下，它们厚重的四肢骨骼可以帮助其沉入沼泽和河流之中。但最近的研究更倾向于认为它们具有陆地生活的习性，这些新研究注意到了它们头骨重量减轻的特征，指出了它们缺乏游泳或涉水的适应能力，并且解释说，它们沉重的四肢骨骼是为了在陆地上挪动庞大的身体而得到了加强。奇怪的是，引鳄类通常是所在环境中体型最大的动物，这在纯陆生食肉动物中不太常见。这是否表明，它们至少偶尔会捕食水生猎物呢？要想搞清楚这种动物在三叠纪生态系统中扮演的角色，我们还需要做更多的研究。

引鳄类最有趣的特点之一是它们的生长速度。它们的生长速度比现生蜥蜴或鳄类要快得多，速度与许多恐龙、早期鸟类和飞行的翼龙相当。人们认为这种快速的生长速度反映出它们具有快速的"温血"新陈代谢功能，这也与其他许多解剖特征有关：完全直立的姿势、隔热的毛皮或羽毛、巨大的大脑。不过，引鳄的生长速率显示出快速生长这一特征在爬行类演化的较早时期出现，早于其他相关特征的发展。

滤齿龙，一种早期的水下植食性动物（三叠纪）

三叠纪以独特的海洋爬行动物而闻名，但很少有动物的怪异程度可以与最近发现的奇异滤齿龙（*Atopodentatus unicus*）相提并论。这个物种的骨骼被发现于中国的中三叠世岩层中，几乎表现了其全部的骨骼结构。尽管有这些相对丰富的数据，我们仍不是十分清楚滤齿龙（*Atopodentatus*）和其他海洋爬行动物的关系。初步分析表明它们与鳍龙类有亲缘关系，鳍龙类是海洋爬行动物的一个主要分支，包括幻龙、楯齿龙和蛇颈龙。但是，海洋爬行动物之间的关系普遍存在不确定性，再加上滤齿龙的发现相对较晚，因此这些假说都需要进一步的工作来证实。

滤齿龙是一种非常奇怪的动物，像是是海豹、鳄鱼和吸尘器配件融合的产物。它身长2.75米，是一种中等大小的海洋爬行动物，但其头骨只有12厘米长——不到身体长度的5%。头部连接在一个相对较长的脖子上；有一个长而厚的身体；以及一条有力的尾巴。不同于其他一些海洋爬行动物，它的尾巴骨架没有明显的鳍状或桨状特征，滤齿龙可能是依靠四肢和尾巴推动自己在水中游动。滤齿龙的四肢都很粗壮，像桨一样，有长长的手指和脚趾。然而，它的四肢也能在膝盖和肘部弯曲，骨盆与脊柱紧紧相连。这些特征表明，滤齿龙很可能会在陆地上行走，尽管它的手腕和脚踝力量较弱，在水环境外支撑体重的能力很有限。也许它大部分时间都在游泳，离开水只是为了休息、躲避危险，或者——如果它不能在海水中生产——产卵。

滤齿龙身上最不寻常的部分是它的小头骨。它的颌部排列着数百颗钉子状的牙齿，第一次被发现的时候，人们认为这些牙齿在一张下弯的脸的正面垂直排成两列；想象一只闷闷不乐的爬行动物，脸上长了个拉锁，你就离最初对这个物种的描述不远了。接下来的发现表明，这种奇怪解释是根据一个破碎的头骨所得出的结论，而未受损的化石显示出，滤齿龙的下颌实际上形成了一个T型的吻部，牙齿在前颌边缘形成了一组很宽的"梳子"。脸颊处排列着更多牙齿，口腔上部的内表面覆盖着微小的牙齿。它的咬合力——从颌部肌肉的可用空间来判断——相对较弱，不过与张开颌部有关的肌肉得到了一定增强，下颌也很强健。我们认为这种特殊的牙齿排列特征代表了水生植食性动物的一种复杂进食机制：宽阔的牙齿"梳子"从水下地表刮掉或剪掉海藻，然后强有力的颌部张开把海藻吸进嘴中。接着，口腔内部的小齿和颊齿把植物从水中分离出来，滤出来的水从嘴的侧面排出。

在海洋四足动物中，植食性动物相对稀少。我们也许唯一已知的另一种完全以植物为食的中生代海洋爬行动物就是楯齿龙类中的无齿龙（*Henodus*），一种形似海龟的生物，可以使用颌部边缘不寻常的齿状及鲸须状结构来切割、过滤藻类。今天，海鬣蜥（*Amblyrhynchus cristatus*）和某些海龟会在潜水时食用海藻，而某些哺乳动物，比如海牛目（海牛和儒艮）也以海藻和海草为食。鱼类作为水生植食性动物则获得了更大的成功，鹦鹉鱼和刺尾鱼等新生代鱼类不仅可以取食水下地表的藻类，还能获取生活在岩石沉积物中的微小植物。这就形成了限制藻类生长的海洋生态系统，并且促成了对抗海草的群落（包括现代分类中的造礁珊瑚）的出现。这些栖息地存在的证据首次出现在中新世的沉积物中，它们旁边就是这些非凡的鱼类化石。

摩根锥齿兽与哺乳动物的黎明（三叠纪）

在二叠纪灭绝事件中存活下来的合弓类，只有二齿兽和衍生出我们自己的祖先类群——犬齿兽在三叠纪及之后的世代有了实质性的演化。犬齿兽类起源于二叠纪，具有许多我们认为是真正哺乳动物的特征：新陈代谢加快、下颌骨后部转变为哺乳动物耳内骨骼，而且——在一些更晚些的类群中——可能发展出了皮毛和胡须。我们仍然难以找到皮毛最早出现的直接证据，但在一些犬齿兽动物头骨中的感觉传导通路相比无毛发的非哺乳动物类群更接近有胡须的哺乳动物。如果这种解释是正确的话，那就表明在一些非常近似于哺乳动物的犬齿兽中，敏感的面部组织和胡须得到了发展。我们对犬齿兽类演化的认识，以及在粪化石（排泄物的化石）中发现的毛发状结构都表明，这一发展出现在晚二叠世。

华氏摩根锥齿兽（*Morganucodon watsoni*）是犬齿兽迈向真正哺乳动物的重要一环。理论上讲，摩根锥齿兽并非真正的哺乳动物，而是属于似哺乳动物：这是一种非常接近哺乳动物的生物，但它既不属于任何现生哺乳动物类群，与之也没有较近的亲缘关系。在今天英国的三叠纪/侏罗纪岩石中发现了大量摩根锥齿兽骨骼，专家们可以通过众多个体来重建其骨骼的方方面面。摩根锥齿兽是第一种有如此广泛的化石材料的似哺乳动物，因而是个非常受欢迎的发现，在它于20世纪中期被发现之前，古生物学家们主要是通过孤立的骨骼和牙齿来了解中生代的似哺乳动物。

摩根锥齿兽体长为10—13厘米（不包括尾巴），形态与小型啮齿类动物相似，不过它们弯曲的四肢与经常被拿来比较的老鼠和鼩鼱的四肢形成了鲜明的对比。它们的头骨很结实，有扩大的空腔来固定颌部肌肉。这些特征，再加上它们锋利、尖锐的牙齿，暗示它们的食物是有硬壳的无脊椎动物和其他小型动物。它们的耳朵还没有完全从下颌移到颅骨，所以比我们常见的现生哺乳动物的耳朵长的位置更低。目前我们尚不清楚摩根锥齿兽是否有耳廓——这种显眼的皮肤和软骨结构是我们哺乳动物耳朵的特征。单孔目动物（针鼹和鸭嘴兽，卵生哺乳动物，代表了存活至现代的最古老的哺乳动物演化类群）的耳廓很小，或者根本没有耳廓，化石保存状况极为完好的白垩纪水生哺乳动物獭形狸尾兽（*Castorocauda lustrasimilis*）也缺乏明显的外耳组织。这些例子是否可以表明，摩根锥齿兽没有耳廓，就像图中画的那样？有可能，但我们需要更多解剖学证据来确认。

把摩根锥齿兽幼崽绑架走的是一种类似蜥蜴的小型动物，贝式格洛斯特蜥（*Clevosaurus bairdi*）。这不是蜥蜴，而是楔齿蜥类，与现代的喙头蜥是近亲。楔齿蜥与蜥蜴在爬行动物的演化谱系上有着共同祖先，并且二者都出现于三叠纪。但楔齿蜥在一开始时是更为成功的类群，分布于世界各地，有着丰富多样的生活方式。而直到侏罗纪，蜥蜴才在分布和多样性上达到了现代水平。曾经强大的楔齿蜥类存活至今的只有喙头蜥，其所有种类都发现于新西兰，而蜥蜴在南极洲之外的所有大陆上都有出现。

大海百合航船（侏罗纪）

曾经有一种巨大的怪物，它们长着扭动着的花头触须，游荡在侏罗纪的海洋之中。它们如同洛夫克拉夫特[1]式的航船在海波上游弋，悬挂着的绳索状的结构（有些超过20米长）上带着80厘米宽的拖网，能够将海洋中的生物体一网打尽。经过多年的漂流，这些绳状物的体积越来越大，超过了它们漂在水面所能承受的重量，这时它们便会沉入海底，或者饿死在平静的深海，或者在没有氧气的底层海水中窒息。偶然的条件下，这些庞然大物会作为化石保存下来，这些德国出土的早侏罗世的触须怪样本覆盖了五百平方米的土地。毫无疑问，它们的遗骸是世界上最壮观的化石之一。

对这些化石的进一步研究表明，它们不是单个的多触须生物，而是几个物种的集合体。它们的中央是大块浮木，大部分是树干，在最大的标本中有几十米之长。现代的浮木可以在水上漂很多年，但通常会因为穴居软体动物的活动而沉下去。但这样的动物在侏罗纪时期还没有演化出来，所以浮木保持漂浮状态的时间会更久。这些原木漂浮的时候，大部分表面会聚集双壳类（蛤蜊），双壳类之间固定着巨大的海百合。海百合是棘皮动物的一种，与海星和海胆同属一类。棘皮动物成体具有五辐射对称的特征，其骨骼由许多钙质骨板、棘和节组成，还有小小的"管足"——从骨骼孔中突出来的微型结构，用于行走和摄食。

海百合是棘皮动物中最古老的类群。它们的化石记录至少可以追溯至奥陶纪时期，有些学者预测它们起源于寒武纪。海百合可以分为两种主要的形态：有柄海百合，它们站在海底或者固定在水下的物体上面，这样便可以在水体中安置它们花状的锥形摄食器官；自由活动的种类，它们没有柄，可以通过扇动羽腕在水中移动。今天，自由活动的海百合种类占据优势地位，但在古生代和中生代有柄海百合更为常见。实际上，在石炭纪海洋的沉淀物中，有柄海百合的化石非常丰富，它们的骨骼形成了厚厚的石灰岩沉积。古生代海百合在种类和生活方式上尤其多样化，但在二叠纪集群灭绝期间，两种形态的海百合全都明显减少了。在中生代，有柄海百合从这场灾难中恢复了过来，成为这个时期常见的化石，但它们的多样性再也没能恢复到古生代鼎盛时期的水平。

生活在侏罗纪的巨型海百合——次角链海百合（*Seirocrinus subangularis*）在幼体时就将自己固定在浮木上，然后长到巨大的尺寸。人们还不知道它们能长多快，但有猜想认为需要花上许多年才能长出那些巨大的柄。由于浮木上可用于固定的空间越来越难找，较小的海百合就简单地把自己固定在它们较大的兄弟身上——柄上长柄。海百合是滤食性动物，依靠水流把食物颗粒带到它们羽腕可及之处，一些有可活动的柄的海百合能够在海床上行走，用茎上长出的短触须爬行。而像次菱角海百合（*Seirocrinus*）这样的"航海"生物则可以持续进食，移动的浮木拖着它们的摄食器官在水中穿行。由于所含的营养物质相对较少，这些巨大的海百合相比其他猎物可能更容易被捕食者忽视，但它们的生活并非没有危险。一些化石表明有些海百合已经完全失去了摄食器官，而死去的无头柄杆仍然在海中随着"航船"继续前进。

[1] 美国恐怖、科幻、奇幻文学作家，其最著名的"克苏鲁"系列文学作品中有各种长着触须的生物。

大眼鱼龙（侏罗纪）

我们之前见到的作为三叠纪物种的鱼龙成员仍然具备陆地动物的特征，因此距离"鱼形蜥蜴"这一称呼仍有差距。然而，后来的鱼龙，比如中侏罗世欧洲地区的品种爱西尼大眼鱼龙 (*Ophthalmosaurus icenicus*) 就完全名副其实了。更加进化的鱼龙具有的特征包括有着厚实胸腔的长长身躯、变为加强的鳍状肢的四肢 (前大后小)、长尾鳍、一个软组织的背鳍。最后一个特征是由保存完好的侏罗纪鱼龙化石证明的，化石中那些围绕在骨骼周围的黑色斑点就是软组织的身体轮廓。这些斑点的性质和可信度在历史上一直存在争议：它们是曾经覆盖在腐烂动物组织上的微生物的残留物，还是鱼龙真正的身体组织？保存下来的身体轮廓的真实性也就受到了质疑，因为像背鳍这样的部分可以被解释为是腐烂过程中掉落的不规则身体组织。19世纪的化石修复师会"清理"标本，去除凌乱的边缘，甚至为了让化石更具美观而遮盖标本的细节，这使人们对化石状况的担忧进一步加深了。这种做法不仅对鱼龙化石来说是个问题：古生物学初期收集的许多标本都出于美学原因被"改进"了，这对那些想要解释标本真正的解剖结构的人来说往往十分不利。

对鱼龙化石的持续研究表明，鱼龙的背鳍和身体轮廓都是对其身体组织的真实记录，为我们提供了关于其生命形态和活动方式的大量数据。只可惜，这些特别的遗体只涉及少数种类，所以对于鱼龙演化历程中鳍和身体形状的特性，人们仍然所知甚少。考虑到鱼龙的骨骼比例和身体大小的不同，我们可以预测它们在形态上也会有一些区别。一些三叠纪的鱼龙相对而言更接近鳗鱼形，有比较低的尾鳍和灵活的身体。后来的形态，包括大眼鱼龙 (*Ophthalmosaurus*)，有了"鲔行式 (金枪鱼形)"的身体线条，能够极为高效地游动。就像现代鲸类和快速游动的鱼类，鲔行式鱼龙只有尾巴末端是灵活的，这是一种对环境的适应，能够最大限度提高尾巴在游泳时产生的推力。尾鳍本身很高，呈新月形，因而能够产生相当大的向前的动量；身体的其他部位则演化得更加厚、更加宽了，实现了适应水中行动的身体形态优化。

总的来说，这些适应性特征使鱼龙成为快速、强大的游泳者。它们的牙齿和胃容物表明，它们的食物包括鱼、鱿鱼、箭石 (鱿鱼和章鱼的近亲，有坚固的内骨骼)，以及——至少是更大的物种——其他海洋爬行动物。在这方面，我们可以将其比作现生的齿鲸，比如海豚或虎鲸。它们如此专营于海洋生活，以至于失去了在陆地上行走的能力；它们在海中生下可以活动的幼崽，这种适应特性使其不再需要离开水去产卵。在一具怀孕的鱼龙化石中发现了多达11个胚胎，这说明它们一次能够产下许多幼崽。幼崽死亡率高的现生动物也采用这种策略，这意味着鱼龙幼崽的生存可能充满困难。也许幼小的鱼龙能活下来更主要凭借的是它们的兄弟姐妹替它们做了食物，而不是养育它们的父母的帮助。

大眼鱼龙的特征就是有着所有动物中几乎最大的一对眼睛。直径23厘米，眼球大小仅次于现代的巨型鱿鱼——大王鱿 (*Architeuthis dux*)。然而，当我们观察大眼鱼龙时，我们只能看到它们眼睛的一部分，因为大部分眼球都隐藏在骨骼和皮肤之下。但即使只暴露出了部分，它们的眼睛仍然对光线非常敏感，这可能会使大眼鱼龙可以在深海或其他光线不足的环境中捕食。

近鸟龙：一种近乎是鸟的恐龙（侏罗纪）

我们基本上都知道鸟的演化与恐龙有关。不太为人所知的是，这两个类群之间关系的确切性质和广泛的化石记录已经完全模糊了二者的明确边界。成千上万的带羽毛的恐龙化石——其中许多来自中国——记录了鸟类由兽脚类（捕食性）恐龙演化而来的过程，在我们称为近鸟类的分支中，鸟类的特征尤为明显。中生代的近鸟类是有羽毛的动物，物种包括有恐爪龙（*Deinonychus*）和伶盗龙（*Velociraptor*），它们在解剖特征和生态学上都十分不同。中生代的大部分时间里，鸟类只是众多两足、有羽毛的动物中的一种，穿越到中生代的时间旅行者可能很难从几种非鸟恐龙中找出"真正的"鸟类。这就显示出鸟类起源的真相：鸟类不是什么*"和恐龙有关系的物种"*；鸟类不是什么*"恐龙的亲戚"*；*鸟类就是恐龙*。人们有时会问，鸟类一旦从其他兽脚类恐龙中脱离，开始独立演化，它们是否就"不再"是恐龙了？但并不是这样。鸟类不能不再是恐龙，就像我们不能不再是哺乳动物一样。也就是说我们今天看到的每一种鸟——甚至是鸽子、鸡或鹦鹉这样熟悉而或滑稽的鸟——都是现生恐龙。我们不能再认为恐龙已经灭绝了，正相反，今天地球上生活着近一万种恐龙——远未灭绝，恐龙是现代最具多样性的脊椎动物之一！

我们在现代鸟类身上看到的许多特征都根源于它们的恐龙祖先，某些甚至更深入地根植于它们的起源——主龙类。这些特征包括中空的骨骼、巨大的脑、身披羽毛（或其早期形式）的身体，甚至还有像叉骨这样的身体结构细节。鸟类特征的获得并非特定于某一种恐龙的突然演化，而是相近特征的逐渐积累，产生出了许多类似鸟类的生物。被称为"第一只鸟"的动物可能出现在大约1.65亿年前的侏罗纪中/晚期，不过从"非常像鸟的恐龙"中辨别出最早的"真正的"鸟类越来越难了。演化是一个连续的过程，而不是一组整齐的嵌套着的类别，当我们拥有的化石记录相对完整时，我们才能勉强在分类学的类群间寻找到明确的界限。鸟类从非鸟恐龙演化而来的过程太过模糊，以至于任何区分二者的界定都似乎过于草率了。

鸟类是从哪种恐龙演化出来的？来自侏罗纪的小型近鸟类赫氏近鸟龙（*Anchiornis huxleyi*）的化石产自中国，是一种相当典型的"龙-鸟"。我们对它的了解来自几十件特别的化石，这些化石保留了软组织和完整的骨骼，其中一些甚至保存了羽毛颜色的细节（对页图中可以看到）。近鸟龙（*Anchiornis*）是一种四肢修长的两足动物，有着精致的短鼻头骨，相对大的脑袋，小而尖锐的牙齿。它字面意义上从头到脚覆盖着不同种类的羽毛，大部分身体长有简单的绒毛，前肢、后肢和尾巴上有叶片状的羽毛。近鸟龙四肢上的羽毛非常长，给人一种它有四个翅膀的印象，这与其他几种近鸟类的情况相似。它保留了三根手指，但第二和第三指通过软组织连接在一起，这是后来的鸟类第二、第三指融合的前兆。近鸟龙已经放弃了爬行动物典型的沉重而肌肉发达的尾巴，而是采用了一种由纤细椎骨组成的结构轻巧的替代品。作为一种又小又轻的动物，它非常适合在生活的森林中快速移动，可能是为了追求多样化的杂食性食谱。近鸟龙很可能不会飞，它们的翅膀太小，没法维持飞行，胸骨缺乏足够的空间来让肌肉活动。不过，并不是所有的近鸟类都不能飞：各种动物谱系尝试了不同的翅膀结构和飞行力学，现代鸟类的方式（拥有两只翅膀，拍打飞行）只是其中一种。

雷龙（侏罗纪）

雷龙（*Brontosaurus*）这个名字让我们很多人联想到古生物学的历史：19世纪恐龙收藏的黄金时代、20世纪沼泽爬行动物的图像，以及1903年认为这个最出名的恐龙很可能只是一种迷惑龙（*Apatosaurus*）的研究。这个说法使"雷龙"这个术语在一个多世纪间不再被科学上使用，但人们一直深深怀念这个名字，它从未被完全抛弃。即便是奈特，在本书1946年的那本前身中，也在科学家"正式"放弃雷龙这个名字的43年后着重使用了这个词。对于那些喜好复古恐龙的人来说，幸运的是，2015年学界发表的一份对雷龙和迷惑龙化石的详细分析显示，它们并不像科学家曾经提出的那样彼此相似，我们可以再次将雷龙作为一个有效的恐龙类型。

雷龙是一种蜥脚类恐龙，这是一个有着长脖子的恐龙类群，包括有史以来最大的陆地动物。这些动物能够达到的长度和量级是一个争论点，因为最大个体的化石总是不完整的，估计它们的重量很具有挑战性。不过，保守估计它们的最大体型可达30米或更长，体重超过50吨。只有最大的鲸鱼才能与蜥脚类在体型上相媲美，而它们得益于有足够的水支撑这样的体重。作为陆地动物，蜥脚类必须依靠巨大的减重结构才能长到这么大。其中最主要的结构是它们身体和骨骼中大量的气囊，这可以帮助它们在不增加额外重量的情况下生长到巨大的尺寸。大多数恐龙身上都有气囊，但其他恐龙不像蜥脚类那样充分利用它们来增大体型。

今天，我们知道雷龙不是许多人童年记忆中那种长着圆脸、生活在沼泽地里的动物。相反，雷龙属于蜥脚类中纤细的一种，被称为梁龙类：这种动物的特征是比例匀称的长脖子；极长的尾巴有着鞭状的末端；相对窄的身体；还有细长的、像马头一样的头骨。它靠着一张有着排列相对简单、钉子般牙齿的嘴，吞噬掉大量的植物。蜥脚类的消化道很长，植物组织可以在胃和肠道内被高效率地分解，所以蜥脚类不需要咀嚼食物。这意味着蜥脚类的头骨不需要强壮的牙齿或颌部，这样就足够轻，可以安放于长长的脖子顶端，使它们可以在很大的触及范围内采集食物。但无论外表如何，蜥脚类的头并不是很小。对动物身体比例的调查显示，陆生植食性动物的头骨会随着身体变大而成比例缩小，我们只是在这些巨大的爬行动物身上看到了这种关系以极端的形式呈现。和所有梁龙类一样，雷龙的解剖特征似乎也符合用后肢直立的姿态，这或许是为了够到更高的叶子或者是恐吓其他动物。

雷龙和它的近亲迷惑龙都以其特别巨大的颈椎而闻名，这一点的重要意义很久以来都没有得到解释。最近的研究发现，它们不寻常的颈椎结构——包括真正巨大的环状颈肋，以及沿着其下侧长出的结节——可能与它们在战斗中起到的作用有关。也许雷龙及其近亲可以用脖子发出雷鸣声或作为格斗道具？以脖子为核心的战斗看起来可能很奇怪，因为我们自己的脖子是短而脆弱的结构，但现代的长颈鹿和海豹会用它们的脖子做各种各样的攻击行为，既可以作为棍棒，也可以作为辅助用具。类似的行为可能曾经也在侏罗纪的雷龙身上出现过，只是被放大了很多倍。很难想象还有什么会比这更脱离经典的沼泽恐龙形象了。

中生代哺乳动物（白垩纪）

我们的中生代祖先被壮观的化石爬行动物团团围绕，在大众科学的雷达上，它们往往不过是一个注脚。恐龙、海洋爬行动物和翼龙的魅力似乎就足以满足我们对自身演化史那种特有的本能兴趣。从古生物学刚起步的时候起，我们对中生代哺乳动物的了解就相对较少，大多通过个别的牙齿和骨骼来表现，很少有完整的遗骸。但在最近几十年里，我们对于它们的多样性和生态广度的认识有了巨大的推进，这要感谢新发现的化石，其中不仅包括了完整的骨架，还有头发和耳软骨这样的软组织特征，甚至还有食物的残留物。这些化石符合人们长期以来的观点，即中生代哺乳动物主要都是小体型的（已知最大的中生代物种大概有欧洲獾的大小），但它们还是显示出了远比之前我们认识到的更多样的生态类群。

毫无争议的哺乳动物成员——不是我们之前见到的类似摩根锥齿兽的动物，它们并不被普遍认为是"真正的"哺乳动物——出现在侏罗纪时期，并迅速分化出现代哺乳动物的主要分支。卵生单孔类、有袋类和有胎盘类（我们自己的类群，会产下相对发育较完善的幼崽）都存在于侏罗纪—白垩纪之交。到了白垩纪末，这些谱系都已经进一步分化出我们今天所知的主要哺乳动物类型的最早期的成员，还有些物种只生活在中生代或者新生代早期。

原始的中生代哺乳动物是像恩式杜尔斯顿齿兽（*Durlstodon ensomi*，对页图前景左侧）和纽式杜尔斯顿齿兽（*Durlstotherium new-mani*，对页图前景中）[1]这样的动物：适应性强，体型小，适合在低矮植被和落叶层中生活，主要寻找昆虫和有营养的植物作为食物，来为

它们高新陈代谢的毛茸茸的身体提供能量。然而，如果你认为恐龙和其他掠食性爬行动物长得太大，不会注意到我们的祖先，那你就错了。包括很多近鸟类在内的许多较小的恐龙，都是狐狸一样的捕食者，会捕食小型哺乳动物。成为猎物的压力，可能还有其他一些原因，似乎使得中生代哺乳动物的夜行性时期延长了，这被称作"夜行瓶颈（nocturnal bottleneck）"，我们仍然能在今天的动物身体结构中看到这种适应性转变的证据。哺乳动物，包括人类，通常有较差的色觉视力，眼睛相对容易受到紫外线的伤害，但有较好的听觉和嗅觉，以及由毛发和触须带来的最好的触觉。从广义上讲，我们可以把这一点看作是减少我们对光线和视觉的依赖，转而支持不依赖光的感官。我们还有一种独特的脂肪类型——棕色脂肪组织——擅长在寒冷条件下使我们迅速变暖。此外，哺乳动物还拥有皮毛和高能量代谢带来的热量优势。这些特征都适合在寒冷的夜间行动。夜间活动的习性在现生哺乳动物中很常见，因此我们认为白天活动的行为是一种"先进"特征，是在哺乳动物主宰的新生代探索适应性潜能时才发展出来的特征。

我们不应该把体型微小、在月光下匆匆疾行的中生代哺乳类设想成无聊的动物。占领夜晚不仅是为了躲避恐龙捕食者，也是为了利用夜间的机会。我们现在已经了解到，一些中生代哺乳类不仅是地面上的食虫动物，它们还会滑翔、游泳、钻洞、食草，甚至捕食恐龙。哺乳动物并不是在中生代悠闲度日，只等着恐龙消失之后才趁机发展多样性；哺乳动物最初的演化已是复杂而具有创造性，已经暗示出哺乳动物的适应能力和习性会在新生代的时机到来时得到进一步增强。

1.这两种物种尚没有译名，按学名翻译。

羽暴龙，有羽毛的暴龙（白垩纪）

毋庸置疑，许多体型小、形似鸟类的兽脚类恐龙都长有羽毛，但其他恐龙的羽毛演化情况还需要我们做更多研究。化石表明，许多恐龙全身或至少大部分身体表面都有鳞状皮肤，但新的发现揭示出在距离恐龙—鸟类谱系关系很远的恐龙身上也有纤维和类似羽毛的结构。目前，化石记录已足以说明恐龙的羽毛演化是一个复杂的过程，但缺乏足够的细节来让我们了解羽毛及其解剖学前体第一次出现的时间、这样的结构究竟演化出了多少次，以及它们如何随着体型、栖息地和气候等因素做出应变。

目前，我们所知的具有羽毛状结构的最大恐龙是产自中国的早白垩世暴龙——华丽羽暴龙 (Yutyrannus Huali)。羽暴龙身长9米，体重超过1吨，虽然远不及已知的最大掠食性恐龙 (最大的肉食性恐龙身长超过14米长，体重超过6吨)，但比已知的任何其他带羽恐龙都要大得多，它证明了纤维或羽毛可以存在于大型恐龙物种身上。一些羽暴龙标本显示出它们身上长满长而密集的细毛，包括部分颈部、上臂、躯干和尾巴，面积之广，身上的大部分地方很可能都覆盖着某种羽毛状的结构。羽暴龙所属的谱系最终诞生出了著名的暴龙超科恐龙，包括暴龙 (Tyrannosaurus)、特暴龙 (Tarbosaurus) 和艾伯塔龙 (Albertosaurus)。奇怪的是，这些晚白垩世暴龙的皮肤数据显示其羽毛状特征减少了；我们已经知道有鳞片出现在它们的脸上、脖子和腹部，覆盖了臀部，还长在它们的尾巴上。我们不能确认这些巨大、演化更进一步的暴龙是否完全没有细毛和纤维，但它们似乎并不像羽暴龙或其他兽脚类祖先那样毛绒绒的。这是不是意味着羽暴龙的体型接近全身遍布羽毛所能达到的极限，或许是因为更大的恐龙在皮肤上长满浓密绒毛会有体温过高的风险？或者可能是其他原因，比如气候，造成了这种差异？我们了解到，在中生代的许多时期，很多地方并没有受到曾被认为在恐龙演化过程中普遍存在的温暖的温室气体影响，这让我们更难以理解恐龙羽毛的适应性意义了。羽暴龙居住的白垩纪晚期森林的年平均温度为10℃，远低于晚白垩世暴龙和近亲占据的河漫滩和林地的年平均温度 (18℃)。这是否足以说明气候和体型影响了恐龙皮肤和羽毛的演化？这是一种可能性，但我们需要更多的化石才能确定。

像羽暴龙这样的早白垩世暴龙只是众多掠食性恐龙中的一种，但到了白垩纪末，暴龙类已经成为主要的大型陆地捕食者。所有暴龙都具有头骨特别强壮、咬合力增强的特征，但只有晚白垩世的物种才有著名的小短手。虽然长度不佳，但暴龙类的手臂并不软弱：它们强壮有力、肌肉发达，对于抓住其他动物——比如猎物或者交配的配偶——也非常有用。大多数暴龙超科恐龙的腿都很长，最长的出现在暴龙科；尽管体型庞大，但它们可能是相对迅速、机敏的动物。暴龙可以咬碎骨头，它们是兽脚类中唯一可以利用颌部和牙齿咬碎大型恐龙骨骼的恐龙。从它们头骨化石上的咬痕和其他面部伤口可以看出，它们经常彼此攻击。在其他大型兽脚类身上也有存在这种行为的证据，所以这可能是大型掠食性恐龙进行社会性互动或解决争端的一种常见方式。

花与昆虫传粉（白垩纪）

中生代植物群主要以裸子植物为主，这种会孕育种子的植物类群包括松柏和苏铁。在整个中生代，这些植物生长在广袤的森林和平原上，为一些有史以来最大的植食性动物的演化提供了养料。以现代的眼光来看，这个场景中绿色太过多了，因为它们缺少开花植物——被子植物——的色彩，这种情况一直到白垩纪才有了转变。

我们对花的文化联想浪漫而精致，这可能会让我们把它们的演化过程想象得同样温文尔雅——在中生代风景中静静绽放出色彩，散发出香气。实际上，被子植物的崛起迅速而激烈，在早白垩世植物群中它们还是次要角色，到中生代末期它们便已经成为了主要的陆地植物类群。被子植物数量上的激增对中生代生物圈和气候有着显著影响。由于它们生产力的高效以及将地下水输送到大气能力的增强，地球的降雨能力提高了，这转而加快了侵蚀速度，更多营养物质被冲刷进海洋生态系统之中，提高了海洋的生产力。今天，地球上大约有35万种被子植物。忘掉什么哺乳动物时代吧；我们生活在花的时代。

关于被子植物的早期演化，我们还有很多事情需要了解。它们第一次出现的时间是有争议的，但很可能——根据我们的演化模型和一些有趣的类花粉化石——是在三叠纪，或者更早。真正的花似乎首次出现在早白垩世，不过我们可能会注意到，这个时代里不是只有被子植物在尝试花状结构：几个非被子植物谱系也在为了繁衍演化出明亮或有刺鼻气味的结构。被子植物在白垩纪突然取得成功的原因一直是一个谜团，但目前的研究指出，生产力的提高是它们的首要优势。它们得以增强生长能力似乎与一个微小的、看似微不足道的解剖特征有关：基因组大小比较小。更小的遗传物质等同于更小的细胞，这使得叶脉和气孔可以更紧密地挤在叶片中。这相当于使植物具备了动力更强的肺和循环系统，可能给被子植物带来了胜于同类的生理优势。

花也对被子植物的成功起到了作用。花将花粉——相当于植物的精子——散播到与之互动的动物身上，如果可以通过具有吸引力的颜色、形状、气味和可食用物质让动物被同种的花引诱，再与之进行形式相似的互动行为，植物就可以把它们的访客变为可靠、高效的传粉媒介。这是一种比通过空气传播花粉——依赖意外来风把花粉粒带到其他植物的花托上——更可靠的生殖系统。早在被子植物兴起之前，昆虫就很好地扮演了植物传播者的角色（它们开始扮演这一角色的确切时间还存在争议；有迹象表明这种关系可能开始于古生代），但开花植物对这种关系的探索比其他任何植物类群都更加深入。化石表明，早期的花在结构上兼容性很强，对许多类型的传粉者都开放，但到了晚白垩世，许多种类的花会选择它们的昆虫伙伴，要求要用特化的取食器官才能获得花蜜。我们在现代看到的某类植物与昆虫之间密切的演化关系和相互依赖是一种非常古老的现象的延续。

到了白垩纪末期，昆虫传粉已经是植物繁殖所依赖的主要机制了，一直延续到今天。的确，尽管我们实现了技术革新，但仍然依赖昆虫来为庄稼授粉。我们很容易忽视那些在植物上盘旋忙碌着的蜜蜂、飞蛾、蝴蝶和食蚜蝇，甚至会将它们视为害虫和讨厌的东西，但这些微小生物提供的授粉服务对我们的生存绝对是至关重要的。

白垩刺甲鲨和无齿翼龙（白垩纪）

我们倾向于把中生代描绘为鱼龙、蛇颈龙、沧龙等等大型海洋爬行动物的时代。虽然这些动物对中生代海洋生态系统很重要，但我们不应忽视另一个在它们周围繁荣生存的类群的重要意义，这个类群我们更熟悉、也更古老：鲨鱼。

鲨鱼是脊椎动物中最成功的物种之一。在过去4亿年的地质记录中，它们的牙齿化石在世界各地都有大量发现。然而，它们的软骨骨骼化石非常罕见，只有少数保存较好的化石点能让我们对古代鲨鱼的解剖特征有更完整的观察。白垩沉积物是西部内陆海道堆积形成的一种岩石类型，这片浅海在白垩纪后半期将北美一分为二。这里的鲨鱼化石完好而丰富，在被蛇颈龙、沧龙和掠食性硬骨鱼占据的生态系统中，鲨鱼毫无疑问也是其中的一个重要组成部分。

来自西部内陆海道的鲨鱼化石特别令人着迷，因为这些化石证明了鲨鱼会啃咬其他动物。古生物学家费了很大力气来重建化石动物的饮食结构，这在很大程度上得益于猎物骨头上的咬痕和嵌在其中的牙齿。西部内陆海道鲨鱼的牙齿很多都得到了保存，与这个环境中几乎所有古代大型脊椎动物的遗体都有关联，人们经常在骨骼化石上发现它们的咬痕、齿洞和嵌入的牙齿。在这片内陆海洋中，似乎很少有动物能逃过鲨鱼的魔爪，我们知道它们有时候甚至会同类相食：鲨鱼会吃其他鲨鱼。长2—3米的镰状角鳞鲨 (*Squalicorax falcatus*) 留下了很多证据，证实了它们的觅食习惯：它的牙齿和摄食痕迹与太多尸体有联系，它肯定是某种食腐动物，吃所有它能找到的动物，无论类型或大小。一种更大的鲨鱼，白垩刺甲鲨 (*Cretoxyrhina mantelli*，见对

页图)，在同一片海水中遨游。这种鲨鱼身长6—7米，是西部内陆海道的顶级捕食者，有直接的化石证据显示，它们甚至会以体型较大的海洋爬行动物为食。

在白垩刺甲鲨的猎物中，最稀有的是无齿翼龙 (*Pteranodon*)，这是一种会飞行的爬行动物，以朝向后方的巨大头冠而出名，它们没有牙齿，翼展可达7米。事实上，大多数无齿翼龙的体型要比这小得多，一般翼展在3—4米，头冠也小很多。人们认为这些较小的个体是雌性，雄性的体型更大、头冠更完整。无齿翼龙的头骨像大多数同类一样，充满骨质气囊，这样它的骨壁就只有一厘米或者更薄。这造就了一具更轻、更适合飞行的骨架，但这也使翼龙的骨骼在死后非常容易受到损害。因此，翼龙身上显示出的被捕食的证据相当罕见，但我们已经知道会猎食翼龙的动物有鱼类、恐龙、鳄的古代亲戚，以及鲨鱼。我们了解到角鳞鲨 (Squalicorax) 和白垩刺甲鲨都吃过无齿翼龙，有限的数据显示出，角鳞鲨比白垩刺甲鲨更经常食用翼龙。但不幸的是，骨骼内嵌入的牙齿和咬痕几乎没法提供线索证明动物是被捕食还是死后被食腐动物吃掉的，而这两种鲨鱼都比最大的无齿翼龙重出许多，能轻易击败一个在水中活动的翼龙。我们知道无齿翼龙吃鱼，它们可能会有规律地进入水中捕鱼。虽然翼龙可能有很强的游泳能力，也擅长从水中起飞，但这些行为可能使无齿翼龙与这些危险的鱼类生活在同一栖息地。除非无齿翼龙能警觉到这些捕食者，立刻飞到空中，否则它们可能很容易受到这些游动的食肉动物的攻击。

强大的祖鲁龙，胫骨摧毁者（白垩纪）

避开最凶猛的掠食性动物，这是大多数动物都曾有过的生存压力。常见的适应性应对机制包括足够快速地逃脱、足够强壮来进行反击，或者让自己变成非常棘手、难以制服的猎物，使得捕食的代价高于回报。庞大的身体很难对付——大多数捕食者都了解自己的重量级，不会去找更高等级者的麻烦——但像盔甲和尖刺这样的威慑也能达到同样的目的，且无需承担成为栖息地中最大生物所带来的压力。脊椎动物类群多次演化出了有装甲的动物，它们出现在各种令人惊叹的生态位上。虽然盔甲很重，会让动物的速度变慢，但对于吃植物、袭击昆虫巢穴、只需要在短时间内快速移动的动物来说，速度并不是特别需要关心的事情。不管遇到什么，这些动物都可以从容应对，因为它们知道自己的防御可以挫败或阻止饥饿的捕食者。

有史以来最大的装甲动物是甲龙。它们和著名的剑龙一样，属于名为装甲类的覆甲食草恐龙。甲龙是白垩纪恐龙动物群中常见的成员，它们发展出了惊人的防御结构，包括尖刺、突起、甲板和尾锤。这个类群的动物都有宽阔的身体、巨大的腹部、低矮的腰部，它们一定是以较低的速度行动，用它们喙状的颌部和小而粗糙的牙齿吃植物。我们至少知道有两类这样的恐龙：甲龙和结节龙。结节龙的特征是肩部的大尖刺和狭窄的脸，而甲龙有坚实的尾锤、覆盖重甲的脸以及宽阔的口鼻。有观点认为，结节龙的窄喙可以选择性地进食，而甲龙的宽喙可以把他们碰上的任何植物一口咬住。扩大的鼻腔表明甲龙的嗅觉得到了增强，但复杂的鼻部器官说明它们的鼻子还有其他功能，比如扩声，或者控制热量与水的交换。

甲龙尾锤的功能引起了人们的极大关注。和其他护甲一样，这些棍棒是由长在皮肤内的骨骼构成的，很可能在甲龙一生中，尾锤都覆盖着厚厚的鳞片和角质鞘。甲龙类的尾锤通常有各种形状和尺寸，这意味着它们的主要用途可能是解决同类个体之间的竞争，而不是阻止食肉动物的攻击。也许甲龙主要是把尾巴用于在争夺配偶或资源时彼此攻击？当然，这并不排除尾锤会在防御捕食者时起到另外的作用，有研究显示，最大的尾锤在猛击向攻击者时，可能会把大块的骨头打个粉碎。确实如此，这里描绘的拥有大型尾锤的甲龙叫作碎胫者祖鲁龙（Zuul crurivastator）——意思是"胫骨摧毁者"。

保存完好的甲龙化石无疑是所有恐龙化石之中最神奇的化石之一。它们密布的背甲给人的印象是看到了皮肤而非骨头，所以保存完好的标本更像是沉睡的动物，而不是早已死去的化石。甲龙石化过程中的一种奇特现象有助于它们的身体得到良好的保存，它们坚固的尸体可以完好无损地漂流到远海中，然后再沉没、石化。海洋环境往往比陆地更容易形成化石，它可以让这些神奇的动物轻轻地埋在细泥中，在数百万年后浮出水面，看起来只像是睡着了一般。

巨型海洋蜥蜴与中生代海洋革命（白垩纪）

乍看之下，沧龙——白垩纪的一种水生爬行动物——似乎很陌生，以至于我们会假设它们起源于某种奇异的、早已灭绝的谱系。实际上，颅骨解剖特征的细节显示，这些桨状肢的爬行动物是蜥蜴类群的成员，很可能与蛇和巨蜥是近亲。和现代蜥蜴一样，它们有覆盖鳞片的皮肤、分叉的舌头，嘴的上表面还有额外的几排牙齿。但与现代蜥蜴不同的是，这些爬行动物可以长到巨型的尺寸，有些体长甚至可达15—17米，成为像鲸那样大的动物。当其他海洋爬行动物——比如蛇颈龙和鱼龙——逐渐衰退时，它们便占据了晚白垩世捕食者的生态位。肠内残留物和对沧龙头骨结构的研究表明，它们是强大的食肉动物，想吃什么就能吃什么。人们在它们的肠道化石中发现了未完全消化的鸟类、鲨鱼、硬骨鱼和其他海洋爬行动物的骨骼。菊石也是沧龙常见的猎物，有些品种的沧龙特别擅长咬碎软体动物的壳。菊石壳上的已经愈合的牙印是它们逃离了这些捕食者的证据——这些伤口毋庸置疑与沧龙的牙齿有关。达克球齿龙 (*Globidens dakotensis*) 是一种产自北美的6米长的沧龙，如图所示，显然专门捕食这种猎物。有着锋利、尖头牙齿的沧龙擅长抓住光滑、肉质的猎物，球齿龙 (*Globidens*) 不同，它们有着钝而接近球形的牙齿，非常适合压碎贝壳。

很长一段时间，沧龙都被认为有着非常类似蜥蜴或者鳄鱼的外观以及游泳行为，通过剧烈的横向身体波动，沧龙可以在水中移动，并通过排列在尾巴尖上的褶边推动前进。但最近的发现使人们不得不重新对它们的外观和游泳动力学提出解释。至少有一些沧龙长着非常发达的尾鳍，更像海洋中的鲨鱼而非鳄鱼，而且它们的身体厚实，呈流线型，大多是扁平的，相比其他现生爬行动物，海洋鱼类或者鲸才是沧龙在功能上更好的参照物。这些特征让沧龙比人们预想的更能=适应水环境，我们应该把它们想象成与鱼龙或鲸类似的蜥蜴，而不是划桨出海的超大号巨蜥。罕见的沧龙幼崽化石表明，它们出生在海上，而不是从陆地上的蛋中孵化出来，这是沧龙非常适应水生环境的另一个标志。

像球齿龙这样的动物可以粉碎贝类的壳，吃掉里面的肉，我们认为这理所当然，但这种对有壳无脊椎动物防御外壳的突破能力是中生代海洋生物的一项重大革新。这种用于碎壳、钻孔、刮锉的器官被普遍演化出来，我们称之为"中生代海洋革命 (mesozoic marine revolution)"，它让某些脊椎动物 (鱼类和游泳的爬行动物) 和某些无脊椎动物 (螺和十足目甲壳动物) 领先于以往那些难以进入壳类家园的物种。至于被捕食的物种，它们要么是被迫快速适应，要么是迅速灭亡。在整个中生代，动物们对这些有新装备的捕食者的应对就是强化它们的壳、寻找新的躲避方式，或者快速移动到更安全的栖息地，不能这样作出适应的谱系便会在多样性和数量上有所减少。腕足动物和有柄海百合就是与这些会碎壳、钻孔、刮锉的捕食者作斗争的动物中的一员，它们撤退到更深、更安静的栖息地中，那里被捕食的压力会小一些。螺类和双壳类动物的回应则更简单，它们加厚自己的壳、增加尖刺一类对抗捕食者的防御设备、发展出挖洞的习惯，并演化出快速逃跑的策略。这场革命发挥了重要作用，将浅海动物从古老的古生代类型生态系统转变为对我们来说辨识度更高的现代海洋群落。

庞大的菊石(白垩纪)

迄今为止，我们遇到的许多物种都是通过稀有的化石了解到的，有些甚至可能只有唯一的样本。我们梦想走着走着就看到这类生物的化石从土里露出来，但只有一小部分人能如此幸运。然而，这并不适用于我们下面的主题：菊石。这类动物的遗体在中生代的海床上非常常见，在某些地点，几小时内就可以很容易地搜集到几十甚至几百个。菊石数量大、非常多样、演化速度快，这使它们成为测定中生代岩石年代的有用化石。有些菊石的特征只存在了一百万年甚至更短，所以如果准确地辨认出菊石的种类，就可以获知发现菊石的岩石的精确年龄。

菊石化石是在一个平面上盘绕着的碳酸钙质的壳，这种盘绕的形状揭示了它们与其他动物的关系。它们是软体动物的成员，更具体来说是一种头足类——这个类群在今天包括章鱼、鱿鱼和鹦鹉螺。头足类长有触须，能够自由游动，非常聪明，其祖先可以追溯至寒武纪。有壳的种类，如鹦鹉螺和菊石，在古生代和中生代都很常见，但现代头足类的多样性主要来自无壳的种类。现生头足类中只有很少的种类有壳，其中最著名的就是珍珠鹦鹉螺 (*Nautilus pompilius*)。

和鹦鹉螺一样，菊石也生活在壳里。它们的身体居住在螺旋壳末端最大的腔室中，前面的腔室充满了空气或者液体，作为控制浮力的一种手段。调节其中液体与空气的比例，可以使带壳的头足类获得更小或更大的浮力，让它们能够轻松地在水层中上升或下降。但是，虽然鹦鹉螺和菊石在壳的结构上运用了一些共同的基本原理，但两者通常在形态与习性上都大不相同。菊石实际上与章鱼和鱿鱼的关系比与鹦鹉螺更近，它们在很多方面都与现存或灭绝的鹦鹉螺 (*Nautilus*) 不同。现代的鹦鹉螺是深海生物，有80—90条触须，外壳的开口上覆盖着皮状的罩，有结构简单的眼睛，以及——不同于鱿鱼或者章鱼——受到惊吓时它们并不会喷出一大片墨汁。相反，菊石往往生活在浅水中，用颌部器官的一部分关闭壳，装备有防御性墨囊。作为鱿鱼和章鱼的近亲，它们的触须更少 (鱿鱼和章鱼分别有十根和八根触须)，视力要比鹦鹉螺更好。菊石类动物的确切形态尚不清楚 (这一点有些让人惊讶，毕竟我们已经有了数以百万计的菊石化石)，但我们没有理由认为它们会和鹦鹉螺一模一样。

菊石的生活方式依然很神秘。它们的颌部器官是一个像鹦鹉嘴一样的喙，似乎适合吃软体猎物，有些菊石化石中包含了它们最后一餐的残留物——小型浮游动物，比如甲壳类。但它们如何获得猎物、在哪里生活、怎样生活，这些都很难猜测，它们形态上惊人的多样性让这个难题变得更复杂了。除了我们熟悉的盘绕形状外，菊石还可能有着复杂的装饰，伸展、扭曲、打结的外形，以及介于这些造型之间的各种各样的形态变化。人们认为菊石的两性间存在着巨大的体型差异，小而精致的雄性菊石和较大的雌性对比起来显得格外娇小，我们不知道这一点可能会如何影响生态。不同种类之间的大小差异也很极端：有些菊石的壳的直径不超过几厘米，而塞彭拉德巨菊石 (*Parapuzosia seppenradensis*) ——一种产自德国的晚白垩世菊石 (见对页图) ——的壳直径可达2—3米，重量可能超过1吨。菊石习性的问题可能没有一个明确的答案，但它们不同的形态反映出它们一定有着差异性极大的生活方式。

飞翔的巨型爬行动物（白垩纪）

如果我们能够复活数百万年前的物种，翼龙——第一批实现动力飞行的脊椎动物——肯定是我们愿望名单上的榜首。三叠纪时期，翼龙在某种我们了解甚少的条件下，通过使用第四指——我们的无名指——上独特的膜状结构支撑起两翼的绝大部分，翱翔在中生代的天空中。在地质学上最古老的翼龙化石被找到后，翼龙与其他爬行动物的关系一直以来都是个谜，因为地质学上最古老的真正的翼龙的化石与其他三叠纪爬行动物没有明显的解剖特征上的联系。然而，经过数十年对其化石的研究，科学家们终于拨开翼龙表面上不寻常的结构带来的困扰，找到了它们与主龙类特征上的联系，认为恐龙可能是它们的亲族。

在关于翼龙的大部分研究中，它们都被认为是演化的失败者：爬行动物中的石像鬼，行走艰难，只能勉强飞行，仅仅是来给天空暖场，直到更卓越的飞行者——鸟类和蝙蝠——到来，接管了它们的生态位。最近几十年，随着研究者对翼龙结构和生物学有了更深入的了解，这一观点被推翻了。它们瘦长的比例反映出它们有着延展、中空的骨骼，这可能与高效的、类似鸟的肺部系统有关。翼龙的化石足迹表明，它们在地面上的行动绝不是东倒西歪，翼龙可以自信地大步行走甚至奔跑。许多种类可能更多时间都在以这种方式行动，在地面上找寻食物。其他谱系则适应了捕捉空中的昆虫、捡食尸体、在海里游泳或抓鱼，或者在浅水中涉水，用各种各样的颌部和不同形状的牙齿探测并过滤食物。宽阔的肩膀为飞行肌肉留出了伸展的空间，这表明了翼龙能够有力地振翅，具有真正的动力飞行能力，而不是简单的滑翔。由大量新发现揭示出的不寻常而充满魅力的新物种——特别是在南美和中

国的——让我们对翼龙多样性的认识也逐渐加深。在这些地方还发现了第一批翼龙的蛋和胚胎，显示出翼龙幼崽的身体比例与父母的非常相近，我们几乎可以肯定它们出生之后不久就可以飞行了。

但在深时中，巨型翼龙的受损程度往往最为严重。白垩纪的翼龙通常有3—6米的翼展，可以与有史以来最大的鸟相媲美，许多种类甚至更大，成为了拥有10米翼展、体重200—300公斤的庞然大物。这些动物属于一个没有牙齿的翼龙类群，这个类群非常成功，在全球都有分布，被称为神龙翼龙（见对页图）。与它们的表亲相比，巨型的神龙翼龙化石记录相对较差，但它们解剖结构的每个组成部分都与飞行习性相吻合，根据飞行模型的预测，高超的飞行技能使它们可以轻松飞行数千公里。最大的翼龙尺寸超过了最大的鸟类，因为它们的起飞机制更强大，其动力来自四肢而不仅仅是腿。所有动物的飞行都开始于跳跃，而不是拍打，因为起飞是飞行过程中最费力的部分。因此，决定飞行动物最大尺寸的主要因素，就是跃入空中这最初一步所用到的力量。四足起跳之所以如此有效，是因为它使用了身体中最大的肌肉——翅部的飞行肌——来为跳跃提供主要的动力，然而两足起跳，就像鸟类那样，则完全依赖于后肢上较小的肌肉。许多蝙蝠与翼龙采用同样的四足起跳机制，但作为哺乳动物，它们缺少膨胀的身体气囊和中空的骨骼，这些很可能是成为空中巨兽所必需的结构。翼龙将巨大的可飞行的身体与高效而强有力的起飞策略相结合，成为了有史以来最大的会飞行的动物。这些神奇的动物在我们头顶飞过的时候会是什么样子，我们只能凭借想象了。

恐鳄，一种巨大的短吻鳄（白垩纪）

鳄鱼经常被描绘为活化石，甚至是现代恐龙，但这两种说法都不正确。鳄鱼和恐龙都是主龙类，但它们自三叠纪——两亿年前起就不再属于同一演化路径。主龙类的鳄形演化支被称为伪鳄类，在爬行动物演化过程中扮演了重要角色。伪鳄类曾经比现在更加多样化，曾包括的爬行动物类型可与陆地及水中其他物种竞争掠食性及植食性的生态位。让人惊讶的是，我们现代的鳄鱼类群是名单中较晚的成员，直到晚白垩世才出现。鳄目最终成为了伪鳄类多样性中的主流，在现代，它们代表了这一大爬行动物谱系的最后子嗣。但现生物种的半水生习性只是伪鳄类漫长演化历史上多样的生活方式的其中一种，现代鳄鱼远非活化石，它们只是这座巨大演化冰山的一角。

最早出现、也是最壮观的真鳄是晚白垩世的巨大短吻鳄——恐鳄（*Deinsuchus*）。我们通常认为两种恐鳄都生活在北美西部内陆海道的海岸和河口附近。东部的种类，褶皱恐鳄（*D. rugosus*），可以长到8米长，比存活时间最长的鳄鱼[湾鳄（*Crocodylus porosus*），一种咸水鳄鱼]更大一点。西部的种类，格兰德恐鳄（*D. riograndensis*），可达10米或更长，它们是有史以来存在过的最大的伪鳄类之一。只有白垩纪的帝鳄（*Sarcosuchus imperator*）和中新世凯门鳄亚科的普鲁斯鳄（*Purussaurus brasiliensis*）可以在体型上挑战恐鳄，不过这些物种都缺乏完整的骨骼遗骸，无法确定谁是真正的纪录保持者。

艺术作品中的恐鳄外貌往往是错误的，反映出了一种不正确的假设：恐鳄只是按比例放大的鳄鱼。此外，这种错误也是由于早期破碎的化石材料导致头骨复原出现了问题。我们经常将恐鳄复原为三角形的头骨，上面只长着圆锥状的牙齿，但其实它们有着宽得多的头

骨，牙齿也更复杂：圆锥形、尖刺状的牙齿在颌部前端，后侧是用于压碎食物的牙齿。所有牙齿上都覆盖着厚厚的珐琅质，使牙齿可以经受住更强大的咬合力。与现生鳄鱼的另一个区别是它背部长有球形的、有深深凹痕的巨大鳞甲。这些鳞片嵌在坚硬的皮肤和肌肉中，既能保护背部，也能在陆地运动时增强背部的力量，鳞片的这种功能在现生鳄鱼身上也能看到。恐鳄的牙齿和鳞甲如此独特，即便在没有发现其他部分化石的情况下，单靠它们也能辨认出来，这很让人高兴，因为它们代表了这类动物绝大多数的化石记录。恐鳄身体比例的完整图像很难推测，这是由于在化石形成之前，它们的遗体曾遭受风暴的摧残及粉碎，这之后给我们留下的遗骸和相连骨骼就很少了。

作为一种短吻鳄，恐鳄与现生的短吻鳄和凯门鳄之间有着密切的关系。和这些物种一样，它似乎也有着很高的咬合力。大型海龟似乎是它们最常见的猎物之一，这些有壳的爬行动物的骨骼化石上往往布满了恐鳄的齿印。恐鳄一定是用某种力量压碎了它们的壳，它的牙齿上经常有因为强力的咀嚼和咬碎东西而产生的裂缝和碎片。有些龟壳上显示出恐鳄攻击后愈合的迹象，这表明恐鳄捕食活的动物，而不仅仅是吃已经死去的动物。大众文化倾向于表现恐鳄伏击岸上的恐龙，但只有少量的化石暗示这种现象可能曾经发生过。的确，已经发现的一根恐龙肢骨上遍布着恐鳄造成的损伤，其圆截面被咬碎，并被咀嚼成近乎方形。这确实是一种可怕的动物，能够拿恐龙的骨头作为磨牙的玩具。

三角龙（白垩纪）

有角恐龙，或称角龙类，是所有恐龙中最令人惊叹的一类——这可绝非易事，毕竟在恐龙演化之路上有太多标志性的、有魅力的物种。角龙类出现在晚侏罗世时期，以分布在欧洲、亚洲和北美洲的小型双足恐龙为代表，一直存活至晚白垩世。中生代接近尾声时，角龙发展出惊人的多样性，尤其是生活在北美洲的大型四足角龙，全都长有奇特的头饰、凸起或角。这类大型恐龙最常见的化石是头骨，它们的头饰对于区分不同种类很有帮助。到了白垩纪末期，在一些恐龙生态系统中，有角恐龙是数量丰富的植食性动物，它们的化石比其他种类的恐龙化石要常见得多。有几种角龙的骨床[1]中包含了多个个体的遗骸，这意味着至少有一些有角恐龙存在群居行为。这些大型有角恐龙明显的社会性和长着角的脸很容易让人把它们想象成如今的牛。

三角龙 (*Triceratop*) 不仅仅是最著名的角龙，也是最著名的灭绝动物之一。1887年发现的一对额角是这个属的第一个证据。由于人们对发现角的岩石年代产生了分歧，这些角最初被认为属于一种已经灭绝的奇特野牛，但三角龙作为最后的有角恐龙的身份很快就显现出来了。今天，它被认为是最具有代表性的恐龙之一，已知有大量的骨骼化石，范围涵盖年幼的恐龙到各年龄段的成体。人们曾经认为有许多种三角龙，但现在只有两种得到了确认。对页图中描绘的是恐怖三角龙 (*T. horridus*)。

三角龙长9米，体重预估超过6吨，是所有有角恐龙中最大的。它的头骨特征不仅包含了它的拉丁属名含义（"有三只角的脸"）中的三个大角，还有一个相对短而造型朴实的颈盾。关于角龙的角和颈盾，人们提出了几种功能性的解释，最通常的是防御和求偶炫耀。三角龙

1.含动物骨骼的地层。

的成长过程显示出，与成体相比，幼年个体的角要小得多，颈盾也发育不全。考虑到幼体比成年恐龙更容易被捕食，这就不免让人对其单纯用于防御捕食者的功能性产生了怀疑。在成年个体中，角和颈盾的发育程度与社会性别角色是相匹配的：毕竟，成体才会热衷于领土和生殖权力的竞争。三角龙头骨上愈合的伤口与成体之间模拟的"角力"战斗有精确的关联性，是三角龙的角在个体竞争中起作用的直接证据。显然，面部装饰不仅仅是为了炫耀，当然，如果三角龙能用角来相互争斗，它们可能也会用这些角来对付掠食性动物。

与其他有角恐龙相比，三角龙的外观非比寻常。有些角龙的脸上长着一道道鳞片，但成年三角龙脸上似乎完全覆盖着一层鞘状的皮肤，可能类似于鸟喙和牛角上覆盖的物质。或许这可以保护它们的面部免遭伤害？三角龙身体上的皮肤印记也很不寻常。角龙类的皮肤是典型的小鳞片镶嵌排列，偶尔点缀有较大的椭圆形鳞片。三角龙正相反，身上覆盖着相对较大的多边形鳞片，有些鳞片的中央还带有特殊的突起。这些突起的意义还不清楚——它们是短小的尖刺、鬃毛状的细丝，还是别的什么东西？至少有一种有角恐龙，早白垩世的鹦鹉嘴龙 (*Psittacosaurus*) 在尾巴上有一排鬃毛，在有着大量鳞状皮肤记录的恐龙类群中，这种结构完全出人意料。也许，当有更好的三角龙软组织化石被发现的时候，我们会对它们的外表感到更加惊讶。

白垩纪-古近纪大灭绝

历史上最著名的灭绝事件发生在6600万年前，将中生代推向了终结。这次集群灭绝消灭了大约75%的动植物，包括非鸟恐龙、菊石、翼龙和绝大多数海洋爬行动物。如此多的物种消失，意味着后中生代世界与之前相比已变得截然不同：鱼类、哺乳动物和鸟类戏剧性地取代了爬行动物和其他中生代物种的位置。白垩纪-古近纪灭绝事件并不像人们通常认为的那样，仅仅造成了非鸟恐龙的消失：这是地球生物圈的一次彻底重组。

白垩纪-古近纪事件到底是如何发生的，这仍然是一个需要研究的课题。我们大多数人都很清楚这与一颗小行星有关，但这可能只是众多因素中的一个。白垩纪末期，地球上的生命所经受到的生存压力包括海平面下降（因而生活着大量生物的浅海区域减少）和印度次大陆的裂隙喷发——我们把其沉积物称为"德干地盾（Deccan Traps）"——释放出了太多气体和尘埃，影响了气候，可能还限制了阳光的照射。最新的白垩纪化石记录并不具有典型性，所以科学家们还在试图确定这些环境压力是如何对生命产生影响的。有些类群——比如恐龙，究竟是在白垩纪终结之前就已经衰落了，还是在白垩纪-古近纪事件发生时正处于全盛时期，这仍然存在争议。

白垩纪的最后一个事件是一颗直径10千米的小行星撞击了现在的墨西哥尤卡坦半岛地区。撞击形成了180千米宽的希克苏鲁伯陨石坑，在地球上留下了一层富含铱的粘土。铱在地球上很罕见，但在小行星上很常见，所以这个独特的沉积层很可能记录了来自外星巨大冲击的余尘。这些地质现象与化石记录的中生代特有动植物群的消失完全吻合，这表明无论火山作用和海平面下降已经对白垩纪生物造成了怎样的打击，希克苏鲁伯大撞击才真正是中生代生命的谢幕。

地质数据表明，这次小行星碰撞是地球生命史上最严重、最可怕的时刻之一，威力相当于100亿枚广岛级原子弹的爆炸。生活在1000千米范围内的生物即便没有在直接的撞击爆炸中死亡，也会遭受到巨大的能量冲击，冲击还引发了野火、地震、尤卡坦大陆架的坍塌，以及数百米高的浪潮。可以看到，即使是5000千米以外的生物身上都覆盖着从撞击地点喷射出的灰尘和颗粒，土地被埋在10厘米厚的碎渣层之下。在全世界范围内，微粒被喷射入太空后又如雨点般降下，其温度高到足以引发小范围火灾或者将暴露在外的生物杀死，此外，海啸也对海岸线造成了破坏。随着这些剧烈事件得到平息，撞击的长期影响开始了，产生了德干地盾的裂隙喷发所造成的生态压力进一步增加了。这次撞击使富含碳和硫的岩石气化，让降雨变酸，大气中充满了散射阳光的气溶胶。这些气溶胶将阳光从地球表面反射出去，使地球开始降温，撞击为大气层注入的阻挡阳光的尘埃进一步恶化了这种情况。由于地球表面只能接收到微弱的阳光，整个星球的温度下降了10℃。几十年来，地球始终阴暗寒冷，适应了吸收充足太阳能的生态系统衰退了。这段时间繁荣生长的只有那些适应低光的植物和以碎屑为基础的食物链，而森林、复杂的海洋生态系统和大型动物都从这颗星球上消失了。有些生态系统需要长达300万年的时间才能恢复到灭绝事件前的多样性水平。

家鼠与其他现代演化赢家（全新世）

凭借摩根锥齿兽和一些中生代哺乳动物，我们已经了解到，这种普遍存在的小体型特征在哺乳系动物早期演化阶段是成功的。啮齿类动物——最具多样性的现代哺乳动物类群 (2277种现生物种，占所有哺乳动物的40%) ——显示出这种身体结构在今天仍然有用。啮齿动物具有极强的适应能力，在多数大陆上都有数量庞大的栖息地；南极洲是唯一遏制住它们扩散的地方。虽然大多数啮齿类动物——大鼠、小鼠、仓鼠、松鼠、豚鼠等等——都很小，但也有一些和大型犬一样大 (海狸、豪猪和水豚)。在过去，啮齿类曾尝试变得更大，包括某些像犀牛一般大的南美物种、以及和人类一般大小的海狸。它们无疑是哺乳类演化史上的伟大成就之一，是"哺乳动物时代"真正的冠军。

啮齿类动物是磨牙专家，它们有两对不断生长的门牙，还有强有力的颌部。这让它们能够啃食其他动物啃不动的东西，也能改变自身的环境：啃咬建筑来筑造洞穴或巢穴，或者咬断并收集坚固的建筑材料来建造自己的房子。它们特有的颌部和牙齿使它们的化石非常容易分辨，通过古新世的岩石，我们可以追踪到四大啮齿动物类群的演化过程。不过，这些化石是否代表了最早的啮齿类动物，仍然存在分歧。虽然化石表明啮齿类出现于白垩纪集群灭绝之后，但基因数据预测它们的起源要更早一些，在白垩纪的终结之前。无论是哪种情况，啮齿类动物都拥有良好的装备，以利用新生代早期生态系统中显现出的潜能，如今它们已是地球上数量最多的哺乳动物之一。作为适应于大量生育后代的快速繁殖者，啮齿类动物的数量急速增长，很快扩散开来。最古老的啮齿类化石表明它们起源于中国和蒙古，在几百万年里，它们已经扩散到了欧洲和北美。到了中始新世，它们已经漂过大西洋，从非洲来到了与其他大陆分离的南美，并最终在最近几百万年中到达了大洋洲。

尽管许多啮齿动物濒临灭绝，但仍有少数物种相当适应与人类在一起的生活，以至于被认作是害兽：它们是我们居住地的寄生虫，偷吃食物、在建筑里搭窝、引发健康问题。但这并不是特意针对人类的恶毒袭击：像小家鼠 (*Mus musculus*，见对页图) 这样的物种只是在利用我们生存的方式，就像它们对待演化剧本中的每一幕那样，充分利用环境，因为它们有这样做的能力。的确，这就是所有"害兽"的现实：它们不是碰巧与我们共享环境的物种，而是直接从我们的生活方式中获得好处。我们通过广泛的农业和城市环境塑造世界，创造了有利于啮齿类动物、鸽子和杂草的环境，它们因我们而繁衍，而非与我们无关。当我们在地球上殖民时，害兽尾随而来，藏匿在船上，或者跟随着城镇与城市之间农场的发展。家鼠和褐家鼠 (*Rattus norvegicus*) 曾经只局限于亚洲的一些地区，现在则生活在世界各地，成为威胁人类的主要祸害，也是在全球范围内危害本土野生动物的入侵物种。入侵的啮齿动物会给当地的生态系统带来灾难：它们的生育潜能和高度适应的食性通常会战胜本地的小型哺乳动物 (包括其他啮齿动物)，并严重威胁到地面筑巢的鸟，后者完全无力应付它们。我们可能会认为害兽及其生态影响是独立于人类运作的，但它们实际上是我们自身成功的延伸。它们站在我们的肩膀上来获取演化上的助推力，充分利用了我们提供给它们的机会。

冠恐鸟，一种巨型陆生水禽（始新世）

尽管许多恐龙在白垩纪末期灭绝了，但有一种继续在新生代繁荣昌盛：鸟类。今天，它们是所有动物中最多样化、最有魅力的物种，这个有羽毛的兽脚类种群生活在每一片大陆和几乎所有类型的栖息地之中。白垩纪-古近纪大灭绝没能结束恐龙时代；只是把全员重组为了鸟类。

现代鸟类多样性的根源可以追溯到晚白垩世，白垩纪-古近纪事件的许多幸存者代表了现代鸟类种群的早期成员。古近纪早期，鸟类经历了多样性大爆发。在这个时期，大多数鸟类适应了在开阔环境中的生活，这很可能反映了白垩纪-古近纪大灭绝后森林环境的普遍缺乏。许多新生代鸟类在今天的我们看来都很不寻常，它们的解剖特征、体型和生活方式都与它们关系最近的现生近亲截然不同。其中包括著名的古近纪鸟类冠恐鸟 (Gastornis)，一种人类一般大小、不会飞行的鸟类，在亚洲、欧洲和北美以各种不同的形态出现。这种魁梧的鸟类骨骼在现代人看来极为非凡，体型可与平胸类 (包括鸵鸟和鹬鸵的类群) 相媲美，但其健壮、庞大的特征很难在现生物种中找到。来自新西兰的不会飞的鸟类南秧鸡 (Porphyrio hochstetteri) 可能是最好的参考，尽管有些粗略，但它们在解剖特征上相近。而冠恐鸟在平胸类和秧鸡类中都没有亲戚，它可能是水禽的一个早期分支——雁形目——天鹅、雁、鸭是它关系最近的现生近亲。冠恐鸟的早期复原图呈现出类似平胸类的外观，羽毛长而蓬松，但作为水禽来说，冠恐鸟的外形更加整洁，有着整齐的叶片状羽毛，在美国冠恐鸟遗址发现的一根巨大羽毛为这种解释增加了可信度。

许多研究都聚焦于冠恐鸟的生活方式。我们很清楚这种鸟更擅长行走而非奔跑，因为它长着粗壮的四肢、蹄子般的爪子，大比例的脑袋意味着它有强壮的颌部，可以强有力地啃咬。计算机模型预测，它在进食过程中有很高的咬合力，并能把压力很好地分布在头骨上，但如何解释这一点众说纷纭。冠恐鸟是一种如鸟中鬣狗一样以强有力的啃咬击杀猎物、可能还要撕开猎物骨头的食肉动物吗？又或者它们是一种适应了吃坚硬植物的植食性动物呢？人们做了进一步研究，包括对冠恐鸟颌部肌肉、颌部形状、奔跑速度、爪子形态和骨骼成分的分析，认为食草假说更有可能。我们不应该认为冠恐鸟会像很多古生物艺术中表现的那样猎捕小型的早期马科动物，而是应该想象它用强有力的喙吃坚硬的植物和坚果。因此，冠恐鸟的生活方式可能与巨鸟 (驰鸟类) 相似——这是一种与之关系密切的灭绝鸟类，生活于渐新世到上新世的澳大利亚；而与生活在南北美洲的可怕巨型陆生鸟类——掠食性的骇鸟不同。

人们在法国南部发现了由破碎的巨大蛋壳化石组成的化石层，根据它们的大小和所处的地质年代来看，它们可能表现了冠恐鸟的巢穴。大量的蛋壳意味着一代又一代的筑巢行为都局限在同一地区，让人联想出一幅冠恐鸟集中繁衍的恢弘场面。冠恐鸟骨骼的生长表明，它们比大多数现代鸟类生长得更慢，需要几年的时间才能长到1.5—2米的完整高度。根据现生家禽的繁殖策略，我们可以假设冠恐鸟幼鸟很可能是早成鸟，会自行跟随父母寻找食物。

爪蝠，一种早期蝙蝠（始新世）

鸟类的多样性爆发并不是古近纪早期飞行动物唯一的主要演化事件。蝙蝠，已知的唯一一种涉足动力飞行领域的哺乳动物，也出现在这个时期。翼手目包含大约1200种蝙蝠，占据了现代哺乳动物多样性的20%——仅次于啮齿动物。飞行能力使它们遍布这个星球上的每一块陆地，只有北极、南极和少数偏远岛屿没有它们的踪迹。最大的蝙蝠翼展可达1.7米，而最小的蝙蝠则可以竞争现生哺乳动物中最小者的头衔，翼展只有15厘米，体重不到3克。虽然蝙蝠的外表看起来像啮齿动物，但两者的关系并不近。蝙蝠实际上与食肉目和有蹄类动物来自同一演化分支。

记录蝙蝠早期演化的化石极其罕见。从代表蝙蝠演化过程中最早阶段的化石来看，它们已经完全像是现生蝙蝠的模样了，包括一整套适合飞行的身体部件。我们仍然无法了解到其演化阶段更早的物种，可能包含不会飞的攀援或者滑翔的蝙蝠。我们至少应该庆幸的是，在5500万年前的岩石中，有几具骨骼保存完好且完整的古代蝙蝠化石。蝙蝠化石记录主要是由分离的牙齿和颌骨组成的，所以这些优秀的始新世化石是一个关键，让我们能够深入了解蝙蝠的解剖特征和飞行能力是如何从其演化史的开端发展出来的。

所有蝙蝠都有膜状的翅膀，由长长的手指支撑。由于矿物质含量少，它们的指骨有轻微的柔韧性，使得它们的翅膀在整个拍打过程中能够采用特别的空气动力学形态。翅膀上的薄膜不仅仅是延展的皮肤；它们包含的肌肉薄片让蝙蝠在每次尝试飞行时都可以控制薄膜的硬度。这些方面意味着蝙蝠不仅仅是"有翅膀的老鼠"，而是复杂的、高度演化的飞行动物，对于翅膀形状有着比鸟类——或许还有翼龙——更好的控制能力。它们是最棒的空中杂技演员，微蝠最大程度地利用了这一点。微蝠是食虫目[1]中的一个类群，有超过1000种。它们用颌部或腿之间的薄膜捕捉飞行昆虫，在昏暗的场所使用回声定位寻路。请注意，虽然不是所有蝙蝠都能回声定位，但没有一种蝙蝠是全盲的。

芬尼氏爪蝠（*Onychonycteris finneyi*），来自美国怀俄明州始新世岩石的小型（翼展220毫米）蝙蝠化石，是已知最古老的蝙蝠之一，也是化石记录中蝙蝠演化的最早"阶段"。虽然不可否认，它有着蝙蝠的形状，但它保留了后来的蝙蝠失去的许多古老的特征，包括所有手指上都有爪（现生蝙蝠只有一或两个翼爪），且有相对长的腿。它的翅膀有着滑翔动物的典型比例，不过肩部和前肢的结构显示出它能够做真正的飞行。比例相近的现生蝙蝠会在振翅飞行和滑翔之间转换，爪蝠可能也是这么做的。它的颌部和牙齿与食虫目匹配，但耳朵结构不同于其他蝙蝠化石和现代物种：这或许表明它没有回声定位能力。我们可能需要更好的爪蝠化石才能证明这一点，然而，这意味着一个长期存在的关于蝙蝠演化的问题——先会飞，还是先发展出回声定位能力？——仍然没有答案。爪蝠的长长四肢和短小翅膀可能让它可以在地面行动或攀爬时寻找食物，就像在空中一样。一些现生蝙蝠品种也有类似的行为方式，翅膀不会限制它们走和跑的能力。我们不知道爪蝠是否像大多数现生蝙蝠那样是夜间活动的，但脚的特征意味着它具有典型的翼手目倒挂的能力。

---

1. 食虫目（Insectivora）是一个现已被弃用的分类，其成员有些被归入劳亚食虫目或其他目，有些独立为一目。

重脚兽与巨型哺乳动物的演化（始新世）

在白垩纪-古近纪大灭绝中存活下来的大多数动物都是体型较小的动物，它们可以在缺乏资源的生态系统中找到足够的食物。随着新生代早期生物圈的重建，更大的动物以大型食草哺乳类的形式回归。其早期代表，如全齿目 (Pantadonta)，在全球都有分布，它们演化自古新世，发展出了各种杂食性和植食性的种类，有些种类体形魁伟、重达500公斤，头骨超过半米长；还有些种类长有健壮的短尾巴，它们能够用尾巴作为支柱支撑体重，采用三脚架似的直立姿势，来吃到更高处的植物。大多数全齿目动物拥有适应负重的蹄子，虽然有些还长着用途不明的爪状趾。像现代有些鹿那样，一些全齿目动物长有巨大的尖牙，可能——由于它们的牙齿没有磨损——是用于求偶炫耀或战斗，而非用来觅食。虽然全齿目出现在"哺乳动物时代"的早期，缺乏后来一些哺乳类植食性动物解剖特征上的革新，但在始新世晚期和渐新世早期，全齿目一直都有能力同大型食草鸟类和其他哺乳类竞争。

全齿目并不是新生代早期唯一一种尝试大体型路线的谱系。重脚目 (Embirthopoda)，一个传统上被认为与海牛目 (儒艮和海牛) 和象有关系的类群，也是古近纪的庞然大物。其中最有名、我们了解最多的成员就是重脚兽 (Arsinoitherium)，在始新世晚期至渐新世早期，这个属横跨北非。齐氏重脚兽 (Arsinoitherium zitteli，见对页图) 是最后也是最大的重脚兽，它有着犀牛般的肩膀，宽度达1.75—2米，体长3米或者更长，体重至少有1吨。它们生活在沼泽和类似红树林的

环境中，但附肢解剖特征和骨骼化学成分表明它们是陆生动物，以陆地植物为食。这个发现非常令人惊讶，因为它们四肢短，有着和同体型动物相比更不发达的臀部和肩膀。这些特征在历史上一直被认为是半水生习性的标志，但现代数据表明，重脚兽在生态学上更像犀牛而不是河马。重脚兽的牙齿和颌部显示它们拥有强大的咀嚼机制，适合嚼碎、研磨大而具有柔韧性的植物结构，比如大型水果。这类食物的化石大量存在于重脚兽的化石遗址中，说明这可能是它们日常饮食的一部分。

重脚兽最显著的特征是其头上有成对的两组角：两个大角在前，两个较小的在后。角的内部是中空的，有着薄薄的外骨质壁，其表面纹理表明它们曾覆盖着坚硬的角质鞘。这种构成角的结构非常类似现代的牛科 (山羊、牛和羚羊)，在不同时代的各种哺乳类和爬行类谱系中非常常见。它结合了一个重量轻、抗弯折的核心 (角骨) 和一个能够很好地将冲击力均匀分布在表面的覆盖层 (角质鞘)。最终的结果就是一个轻量级、抗损伤的结构，非常适合于炫耀和对抗行为。有了这对角，在威胁显露之后，埃及重角兽便可以展现出自身的攻击性，可能是用角与对手角力，或者用角赶走捕食者。化石显示出重脚兽幼崽的角相比成体的角要小得多，所以这些角最大的作用可能是解决它们彼此之间对于食物、领地和生育资源的争端。

乔治亚鲸，最后的陆生鲸（始新世）

一直到相当晚的时候，人们对鲸的演化都还不是非常了解。20世纪80年代以来，我们知道的所有化石鲸类都是完全脱离了陆地习性的海洋动物，因此这些物种没法告诉我们鲸是如何以及何时从陆地转向海洋，或者它们是从哪一种陆地动物演化而来的。当代表鲸类最早成员的化石在印度和巴基斯坦被发现时，这个演化转向终于有了头绪：这些早期鲸有着强壮的行走肢，生活在淡水之中。这些始新世动物在解剖特征上还没有明显脱离它们的陆地祖先，因而证实了一个长期存在的假说，即鲸的祖先是偶蹄目（每足的蹄甲数为偶数）[1]，鲸的DNA分析也支持这个发现。现在看来，在现生动物之中，与鲸关系最近的似乎是河马。对始新世鲸的不断研究使人们弄清了鲸从陆地到海洋的几乎连续的演化过程，这段原本我们知之甚少的哺乳动物历史变为了有记录以来资料最详实的哺乳动物演化记录。

鲸类的演化是迅速的，并且明确向着海洋生物的方向发展。从已知最古老的半水生"原始鲸"到完全的水生动物，仅仅花了1000万年的时间。鲸类在演化之初看起来像某种体型庞大的狗，它们可能会在水中奔跑或踩水，而非游泳，它们异常沉重的骨骼可以帮助它们在追逐水生猎物时使身体保持在水面之下。它们最终在整体形态上更像鳄鱼，成为了拥有长下巴尖牙齿的真正的水生动物。但它们的尾巴上似乎缺少尾叶，后肢仍然是帮助它们在水中游动的关键，延展的、可能有蹼的双足是它们主要的推进器。巨大的臀部和脊柱强有力地连接在一起，使它们在陆地时可以靠腿支撑体重，并能高效地行走、奔跑。

从这种早期的形态开始，鲸类迅速增强了它们对水下生活的适应性。它们发展出更长的颌部来捕捉猎物，重新配置它们的牙以便纯粹以肉类海鲜为食，并调整了身体和四肢以提高游泳效率。原鲸是鲸类在陆地上的演化终点，这是始新世原始鲸中的一类，在整个北半球都有发现。怀孕的原鲸化石表明，这个群体中的有些成员仍在水外分娩，它们的幼崽头朝前出生，而不是像现生鲸类那样尾巴先出来（避免在分娩过程中溺死）。但原鲸骨盆与脊柱之间的连接是松散的，对大多数原鲸来说，这里只有几根椎骨相连，或甚至都没有，比如沃洛特乔治亚鲸（*Georgiacetus vogtlensis*，见对页图）。这一结构以及它们脊椎的不断增长，使它们的后肢更难以支撑它们在陆地上的重量。这个问题因其体型的增大变得更加复杂：据估计，乔治亚鲸有6米长，体重可能达到数吨。

我们可以想象这些陆生鲸像大海狮一样移动，摆动着身体，用有限的四肢爬上海滩和裸露的岩石。原鲸类保留了宽大的足作为动力来游泳，而不是简单划水，它们将双足与越来越有力的宽尾配合使用。乔治亚鲸可能是最后一批拥有发达后肢的鲸类，一旦没有了到陆地分娩的需要，鲸就用强壮的尾鳍取代了后肢鳍。尾鳍完全是软组织结构，因此不容易形成化石，但可以通过支撑它们的椎骨形状特征来确认。我们在任何原鲸化石上都没有找到这样的椎骨，这说明它们可能缺少巨大的尾鳍。在鲸类完全适应了海洋生活之后，这一结构很快就出现在后续谱系之中，不过这只是它们的身体为了完全适应海洋生活而产生的几个变化之一。

1.现为鲸偶蹄目。

111

巨犀，一种巨型犀牛（渐新世）

现生犀牛看起来相当"史前"，这要归因于它们的角，它们特别的脸型，还有厚厚的、铠甲般的皮肤。然而，它们一点也不古代，和其他任何动物谱系一样"现代"。与直觉相反，它们的解剖特征与许多化石近亲截然不同，许多特征——比如角和粗壮的身体——都是较晚期的演化革新。

犀牛家族有丰富的多样性，现代犀牛只是演化冰山的一角。始新世时期，犀总科从奇蹄目（蹄上有奇数个脚趾的哺乳动物，这一演化支还包括貘和马）演化出来，发展出生活在非洲、北美和欧亚大陆上的很多种种类。有些犀牛矮小，可以快速跑动；有些在大小和体型上和现代马相似；有些是圆滚滚的半水生动物；还有些种类成为今天在亚洲和非洲生存下来的体格魁梧的植食性动物。遗憾的是，偷猎可能会导致犀牛家族的最终灭亡，这很可能会发生在我们的有生之年。人们杀死犀牛是为了它们的角：其结构由和我们的头发、皮肤、指甲一样毫无价值的角蛋白构成，但在东亚的部分地区，它被视为癌症特效药或一种奢侈品。在我撰写本文时，一只巨大的犀牛角就在黑市中以25万美元的价格被交易出去，这笔钱足以让任何种类的犀牛角成为犯罪分子的目标。博物馆的标本现在必须带有义角；动物园中的犀牛会在秘密的夜间突袭中被屠杀；野生犀牛需要被不间断地守卫着，以防盗猎者。野生犀牛的情况最为悲惨，公园管理者和偷猎者经常交火，他们甚至会在获取或保护犀牛角的过程中被杀害。

最让人印象深刻的化石犀牛是巨犀。这种庞大的动物生活在渐新世时期的中亚，据估计体重可达15—20吨，仅次于蜥脚类恐龙以及最大的猛犸象。这让巨犀成为有史以来最大陆地哺乳动物的强势候选者。这些巨兽有许多不同种类，但具体有多少种、它们彼此之间的关系，都因杂乱的化石记录而众说纷纭。其中最著名、最大的是长颈副巨犀（*Paraceratherium transouralicum*），见对页图。这种巨犀的确切比例尚不清楚，因为实质上的化石骨架仍然难以把握。巨犀在其研究史上有很多不同的骨架形式，有些研究者认为它们像现生犀牛的巨大版本，另一些研究者则认为它们看起来像健壮的长颈鹿。

实际情况可能介于两者之间。巨犀与跑犀属有关（或者可能是后者的一部分），它们都有相对细而短的身躯，长长的四肢，因此它们比现代犀牛更苗条一些，体型相对来说也可能会更轻巧。巨犀也有一个相当长的脖子，但其准确的长度还有待确定：现代复原图在这一点上仍有分歧。人们对它们的骨骼非常了解，虽然拥有犀牛一样的强大颌部和巨型牙齿，但它们缺少犀角存在的相关特征。与现代犀牛的进一步区别来自巨犀的颅骨结构，其吻部末端有一个与貘类似的鼻子。它们可能经常使用鼻子吃树上的叶子，把植物铲进嘴里，或者从树枝上把叶子摘下来。考虑到我们没有巨犀任何石化的软组织，这看似是一个大胆的观点，但颅骨结构需要发生重大变化，吻和鼻子才能容纳它们的肌肉和神经组织，我们可以从这些化石动物保存完好的颅骨中辨认出这一适应性。总之，巨犀可能看起来更像巨大的、魁梧的马，而非犀牛或者长颈鹿，不过，在做出完整复原之前，我们应该等待对其结构和比例的更详细的研究。

蓝鳍金枪鱼与硬骨鱼的优势地位(全新世)

所有现代鱼类中,有96%——大约28000种——属于同一个类群:硬骨鱼。这个有显著适应性的谱系比其他任何动物类群都更多地生活在水环境之中,包括各类海洋、淡水区域,还有一些不适宜居住的环境,如寒冷的北极水域、漆黑的洞穴、深海、高山溪流和高盐的湖泊。成功的秘诀在于它们强适应性的身体,它们有各种各样的身形、尺寸和摄食器官,以适应不同的生活方式和环境。不同于其他鱼类,硬骨鱼的颌部会在进食时迅速地向前突出,扩大它们嘴的触及范围,还可以通过在口咽腔中创造出压力差将食物吸入嘴中。人们在它们的尾部骨骼中还发现了其他特征:它们比其他鱼类的更坚硬,游泳时可以产生更强的推力。硬骨鱼将这些解剖学原理运用在几乎每一个我们能想象到的脊椎动物生活方式之中,包括食肉、食草、滤食和寄生。

硬骨鱼起源于三叠纪,在中生代逐渐多样化。大多数主要的身体结构在白垩纪末期就演化了出来,它们在新生代成为了主要的鱼类类群,以惊人的速率发展出我们今天所知的成千上万个品种。硬骨鱼下有辐鳍鱼 (*Actinopterygii*) ——一个很大的鱼类演化支,支撑它们鳍的是很轻的骨棒,而不是粗壮、肢状的骨骼,就像我们之前看过的早期四足类和腔棘鱼那样。硬骨鱼的骨骼在其他方面也很轻,它们的身体由纤细的骨架组成,而不是重而结实的骨头。这相比其他游泳的脊椎动物更轻巧、灵活,因此速度更快、机动性更强。

最有趣的现生硬骨鱼是我们最熟悉的金枪鱼。我们大都是从鱼罐头、鱼排或寿司中了解到这种动物的,但只从餐盘中欣赏金枪鱼就无法认识它们奇妙的解剖特征,也无从了解它们在快速游动的大型捕食者这一生态位上体现出的优势。对页图中所示的北方蓝鳍金枪鱼 (*Thunnus thynnus*) 可以长到3.5米以上的长度,重量接近1吨。它们是高效的鱼中鱼雷,拥有流线型、肌肉发达的身体和狭窄、有助于增强推力的尾鳍。它们镰刀状伸展的胸鳍可以用于转向和保持稳定,或者收回到身上的凹陷中以减少阻力。与大多数鱼不同,金枪鱼是温血动物,具有增强的氧气循环能力,能够将氧气吸收到组织中。它们是海洋中速度最快的动物之一,也是各种小型鱼类、鱿鱼和其他无脊椎动物的天敌。

金枪鱼之所以出名,不仅是因为它出色的生理机能和解剖特征;它们也是当前海洋生命面临的关键问题的缩影。对于三种蓝鳍金枪鱼肉的需求已经导致了它们被过度捕捞,以至于濒临灭绝,有些种类的处境相当严峻;这些金枪鱼的肉的实际价格甚至超过了等重量的黄金价格。用大桶圈养鱼类的近海水产养殖似乎是解决过度捕捞问题的理想对策,但很难防止这些养殖场将杀虫剂、抗生素和其他药剂散播开,伤害到附近的海洋栖息地。此外,尽管养殖减少了野生种群的生存压力,但这样就必须捕捉其他鱼类作为渔场的饲料。过度捕捞的风险从一个物种转移到另一个物种,并没能完全消失。海洋食物链漫长而复杂,从长远来看,不良的捕鱼行为将会对包括我们在内的许多物种带来灾难性后果。浩瀚与多产让我们的海洋成为解决人类食物危机的一个潜在手段,但如果我们希望在更久远的将来享受到健康、有鱼可捕的海洋环境,如果我们想要保护居住在这里数百万年的非凡的动物们,那我们就需要对捕捞采取更加严格的管理措施。

凶齿豨，一种可怕的猪形动物（中新世）

凶齿豨 (*Daeodon*) 是一种著名的史前动物：巨大，让人望而生畏，看上去可以与大多数现代物种大战七回合并最终获胜。它属于被称作豨科的偶蹄类类群，这是一个杂食性动物的演化分支，从始新世中期到中新世早期生活在北美、欧洲和亚洲。它们与猪有许多相似之处，包括硕大、多瘤的头骨、大长牙、结实的身体和带蹄的脚。这种相似性使它们被复原成了野猪或疣猪的样子，也为它们在古生物学爱好者那里赢得了几个和猪有关的绰号（"地狱猪""终结者猪"）。但尽管外观如此，它们与猪并不是近亲。它们反而实际上是鲸河马类 (*Whippomorpha*) 的一员：这一有蹄哺乳动物分支演化出了鲸与河马。与其中的其他类群不同的是，豨科并非生活在水生栖息地，而是经常在林地和平原上活动。

我们已知的北美豨科的凶齿豨有两种。对页图中所示的肖肖尼凶齿豨 (*Daeodon shoshonensis*) 是最大的，也是其谱系中的最末一种。这是一种巨大的动物，从地面到其肩部顶端高度有1.8米，有着豨科典型的硕大头骨（长度约为体长的30%）；短短的脖子；有助于支撑头部重量的宽阔肩膀；厚实的胸腔；还有惊人的修长四肢。豨科的头骨结构很不寻常，有为颌肌留出了很大空间的长长的颌部，有面向前方的眼睛和大量装饰性的边缘和凸起。一系列不同的牙齿类型显示出了它们多样的进食习惯：钉子状的巨大门牙在颌骨前面；后面是长而尖的獠牙；再后面是三角形剪齿；最后，是脸颊区域的宽尖牙。这种牙齿结构使豨有能力咬住、切割、嚼碎食物，这些食物很可能是植物（根、块茎、果实以及树叶、树枝这样的粗纤维物质），也可能是肉——捕猎活物或者直接吃死尸的情况都有。

豨可以把嘴张得特别大，可以处理并有力地啃嚼大型食物。年老的豨的牙齿往往有严重的磨损和破裂，表明它们经常咬坚硬的食物。磨损程度堪比年老的狗或者鬣狗的牙——这些动物经常啃咬骨头。豨科至少在某些时候是食肉动物，因为它们的咬痕出现在一些哺乳动物的骨骼化石上——有七具先兽 (*Poebrotherium*) 的遗骸上面惊人地布满了来自古巨豨 (*Archaeotherium*，一种大型豨科动物) 的齿印。被发现的将近600块骨头来自几具只有部分关节相连的先兽骨架，排列的细节表明，这些尸体是被故意堆放在一起的，而不是因为水流或其他环境因素而自然堆积的。先兽的骨架大部分完好无损，有着前肢和胸腔，但骨盆和后肢已经消失。也许就像许多现代捕食者那样，豨会优先吃掉肌肉发达、多肉的臀部，再吃其他部分。这其中没有其他食肉动物的进食痕迹，说明豨是先杀死了先兽，再把它们存放了起来。

豨头骨上的咬痕证明了它们会用嘴咬住彼此的脸，这也为它们张开嘴的宽度提供了另一个可能的解释。这种行为可能与其颅骨上的凸起及边缘的功能有关。也许一套吓人的装饰可以让对手感到害怕，阻止啃咬行为，但如果矛盾不可避免，它们可能也会从脆弱的地方下嘴。豨的四肢比例类似奔跑动物的比例，尽管它们体型庞大、头部重、胸腔厚，但可能速度惊人。所有证据都表明豨是一种令人敬畏的动物，可能也是一种我们不会蠢到与其面对面对抗的动物。

恐象，下巴上长牙的动物（中新世）

象从哺乳动物谱系中演化出来的历史漫长且相对为人所熟知。象的某些部位的解剖特征从表面看与河马和犀牛类似，但它们并非亲族；这些相似之处表明它们采取了同样的适应性手段来帮助自身在地面上支撑起数吨重的身体。人们很少能发现象在现生动物中真正的近亲：形似啮齿类的蹄兔目，和水生的海牛目（儒艮、海牛及其近亲）。这些类群共同组成了非洲兽总目。就像我们在巨犀那里所讨论的那样，动物头骨的特征揭示了鼻子的存在，我们因此可以得出结论，非洲兽总目的象类家族都有一个现生象那样或者其他类型的长鼻子。这个谱系也因此被恰当地称为长鼻目（*Proboscidea*）。

许多化石长鼻目都隐约有着类似象的身材比例，但并不总是如此。当6000万年前，长鼻目第一次从非洲兽总目中分离出来时，这个象类家族的成员是一群长得像河马的猪形矮胖生物，可能有着半水生的行为。它们有着高度灵活的嘴唇或短短的鼻子，还有由大号的门齿形成的小而前突的獠牙——同样的牙齿后来生长为硕大的象牙。这些早期长鼻目最终放弃了水生习性，转向了陆地，发育出了更长的腿、更大的体型、更长的鼻子以便在这样的身高下也能够到地面，还有各种各样的牙齿形状，以实现不同的用途。有了这些装备，长鼻目占领了这个星球上的大部分地区，只有南极洲和大洋洲还没有被它们涉足。

恐象（*Deinotherium*）是一类最初的巨型长鼻目。即便与现生象及其近亲相比，它们也称得上是真正的巨兽，一些个体的肩高预计可达4米，体重可能在10吨范围内。从中新世到更新世，至少有三种恐象存在于非洲、亚洲和欧洲。它们与最古老的一种恐象——巨恐象（*Deinotherium giganteum*，见对页图）只有些许不同，这表明恐象的身体结构很万能，可以适应变化的栖息地和气候。

恐象的面部有很多值得注意的特征。它显然有某种类型的鼻子，但肌肉连接的区域比现生象的更长更宽，后者的鼻子连接部位高而窄。头骨的一些部分暗示它们有一个较短的、像貘那样的鼻子，而不是现生象类那种长鼻，尽管有些研究者质疑恐象如何用这样的器官喝水（当然，这首先要假设它们会喝水；有些哺乳动物可以从食物中摄取水分）。更神秘的是它们下巴上的一对向后下方突出的长牙，因为它们受到了长期磨损，所以显然是有实际用途的。这个部位可能看起来很不寻常，因为现代象的长牙只长在上颌，但长鼻目的演化记录显示出它们长牙的结构多种多样，许多物种的上下颌都长有长牙。恐象牙齿之间磨损的证据说明食物在牙齿之间被拉扯，所以也许恐象会撕下树皮或树叶以更好地准备它们要吃的食物，就像现代象做的那样？这很可能不是象牙唯一的功能；拉倒树木、打斗以及恐吓敌人，这些只是其他可能用途中的一部分。

虽然恐象有着象的外表，但如果认为这种动物只是一种长着怪脸的象，那就错了。它有着比例更长的四肢、更短的象鼻、更长更灵活的脖子。它可能在很多方面像现生的象，但其解剖特征上的差异之处对于运动力学、消化能力和觅食技巧都有影响。这些特征上的不同会影响生态学和生活方式，它们也许能够解释恐象是如何与其他更典型的象类长鼻目动物共同生活的。

杀手抹香鲸——利维坦鲸（中新世）

我们前面见过的鲸类家族的成员正处于完全变成海洋生物的最后阶段。到了始新世末期，鲸不仅完成了这一转变，还分化成了我们今天熟悉的两大鲸类：齿鲸 (*Odontoceti*) 和须鲸 (*Mysticeti*)。它们与另一种鲸类——古鲸 (*Archaeoceti*) 共享同一片水域，后者是一种早期鲸类，包括著名的龙王鲸 (*Basilosaurus*) 和矛齿鲸 (*Dorudon*)。但是，古鲸在始新世末期之前就灭绝了，而齿鲸和须鲸则存活下来，成为海洋中主要的捕食者，直到今天它们仍然扮演着这个角色。有些须鲸，比如蓝鲸和长须鲸，是地球上存在过的最大生物。它们依靠浮游生物、小型鱼类和鱿鱼构建了巨大的身躯，这些生物是它们通过大范围的冲刺进食方式从水中获取的。它们游向猎物，一口吞下数吨的海水和动物，然后它们强有力的喉部肌肉会将水通过鲸须排出——鲸须是一种坚硬的、刚毛状的蛋白质结构，排列在上颌。它们汽车般大小的嘴中的任何东西都会被鲸须过滤下来并被吞下。这些惊人的超级捕食者一次就可以吃掉一整个鱼群。

然而，早期海洋中的鲸类并没有使用捕捉—过滤的方式来获取食物：它们的进食机制更接近现代的齿鲸——包括海豚、鼠海豚和抹香鲸。这些动物用尖利的牙齿捕捉猎物，或者是通过口腔内部的压力差把猎物吸入口中。今天，大部分齿鲸的猎物都很容易被制服，比如相对较小的鱼类和鱿鱼。这个类群中个头最大的是抹香鲸，以在深海猎捕巨型的大王鱿而闻名，而这些鱿鱼虽然重达数百公斤，却仍远小于它们的鲸类捕食者——抹香鲸往往重达10—40吨。只有虎鲸 (又称逆戟鲸) 才会习惯性地追逐大型猎物，它们有着坚韧、灵巧的猎手之美名。虎鲸群会通过长时间的追逐消耗掉其他鲸鱼的体力，并反复袭击，然后吃掉它们的舌头或幼崽，它们还会使用各种方式杀死海豹或者将其致残。

现代逆戟鲸是先前时代的回响，那个时代的鲸类都着眼于更大的猎物。在中新世，几种掠食性抹香鲸在全球游荡，使用硕大的头骨和巨型的牙齿捕食其他海洋哺乳动物。其中最大的是梅氏利维坦鲸 (*Livyatan melvillei*)，一种来自秘鲁的物种，体长14—17米，堪比现生的抹香鲸。但与抹香鲸不同的是，利维坦鲸及其近亲的上下颌都装备有巨大的、相互交错的尖状牙齿，前排的牙齿用来咬住猎物，后排的适合将猎物切割、咬断。所有抹香鲸的头骨都有一个很大的凹陷，里面装有被称为"废脑油 (junk)"的脂肪组织 (其他齿鲸类有被称作"额隆"的类似结构)，还有一个装满油的鲸蜡器。这些巨型结构有助于增强回声定位能力，油仓的内部增强还可以让它们的头能像攻城锤那样使用。抹香鲸并不是唯一用头攻击的齿鲸：逆戟鲸用头和尾巴的剧烈摆动击晕猎物，然后将其溺死。也许古代的掠食性抹香鲸也会用同样的方式把前额作为一种武器？

利维坦鲸不是中新世秘鲁海域唯一的主要捕食者。它与另一种巨大的食肉动物共享栖息地，那便是谜一般的巨齿耳齿鲨 (*Otodus megalodon*)——更广为人知的叫法是"巨齿鲨"。这种著名鲨鱼的流行程度与我们对它的了解不成比例。我们完全靠牙齿和偶尔出现的脊柱来了解它，但关于这种动物的更多信息——大小和比例、与其他鲨鱼的关系，甚至它准确的科学名称——仍然存在争议。它可能有18米之长，行为上类似于大白鲨，或许会与利维坦鲸争夺猎物。但对这一切都要持有保留态度：图画中腐烂的巨齿鲨下颌所显示出的解剖特征，已经比我们实际从其化石中发现的还要多了。

水生树懒——海懒兽（中新世—上新世）

在化石树懒和它们著名的行动缓慢的现存树栖后代之间很难形成强烈的对比。现代树懒大部分时间都是用它们强有力的钩状爪子挂在南美洲雨林的树冠上，偶尔会四处走动，吃一些多叶植物。它们低速的生理机能可能反映了吃难以消化的叶子的饮食缺乏能量，虽然有些物种会补充些更有营养的食物，如昆虫和水果。树懒有很多生物学上的奇怪之处，比如它们每周都会到地面上排便、它们拥有十分强悍的游泳能力，以及它们会在皮毛中培养有助于伪装的藻类。它们的演化史中还有更奇特的地方。

树懒——树懒类（*Folivora*）的动物——属于南美异关节总目，这是一个在解剖结构上很独特的谱系，其中还包括犰狳、食蚁兽和已经灭绝的、形似甲龙的雕齿兽。树懒出现在始新世早期，在大小、地理分布和生态上都比它们现存的代表显示出更广泛的多样性；它们变成了有着装甲的大象般大小的巨型植食性动物、像熊那样大的挖洞者，甚至是在浅海栖息地觅食的水生物种。在上新世晚期，发生在今天的巴拿马的火山爆发创造了连接南北美洲的陆桥，树懒和其他异关节总目动物殖民到了北美，结束了南美洲六千万年以来的隔绝状态，使不同大陆上的动物第一次产生了交互。这一事件改变了两个大陆的生物群，被称为"美洲生物大迁徙（*Great American Interchange*）"。

已经灭绝的巨树懒四肢上有着巨大的爪子，很多种类都需要靠手指关节和双足的两侧行走。它们的爪子能够防御、挖掘、把植物拿近身前，强壮有力的嘴唇接着便将叶子带进嘴中。当树懒用两条腿站立进食时，可能会用那条短而粗的尾巴支撑住身体。足迹化石显示，大型树懒用四肢行走，尽管大部分的体重是由后肢承担的。在南北美洲都有完好的树懒化石，最后一只巨大如熊的树懒的生存年代距今只有11000年——其包括皮毛和粪便在内的遗骸在洞穴中被完整保存到了现代。

最引人注目的一类化石树懒是海懒兽（*Thalassocnus*），包含了五个适应水生生活的物种。水生环境从未被其他异关节总目动物涉足，海懒兽成为了这个类群的先驱。随着时间推移，海懒兽变得越发适应在海洋栖息地中游泳和觅食。其最古老的中新世物种是半水生动物，从其牙齿磨损和骨骼成分判断，它们以海滩附近的植被为食，而更晚出现的上新世物种显示出，它们已经可以进入更深的水域中进食海草和藻类。随着口鼻越来越长、嘴唇越来越强壮（扩大的面部神经开口说明了这点），这些更适应水生的海懒兽有致密的骨骼，可作为水中的负重来对抗肺部空气产生的浮力。海懒兽缺少游泳的适应性特征，可能是用大爪子扒住海床在海底行走。胫骨和前臂轻微的拓宽可能增强了它们作为桨的功能，不过，更适应水生的海懒兽身上显示出了后肢的衰退，说明它们在演化末期的游泳行为越发增多。我们可能推测，如果它们没有灭绝，再经过几百万年的演化，海懒兽可能就会变成类似儒艮或海牛的动物，成为完全适应水生的树懒。

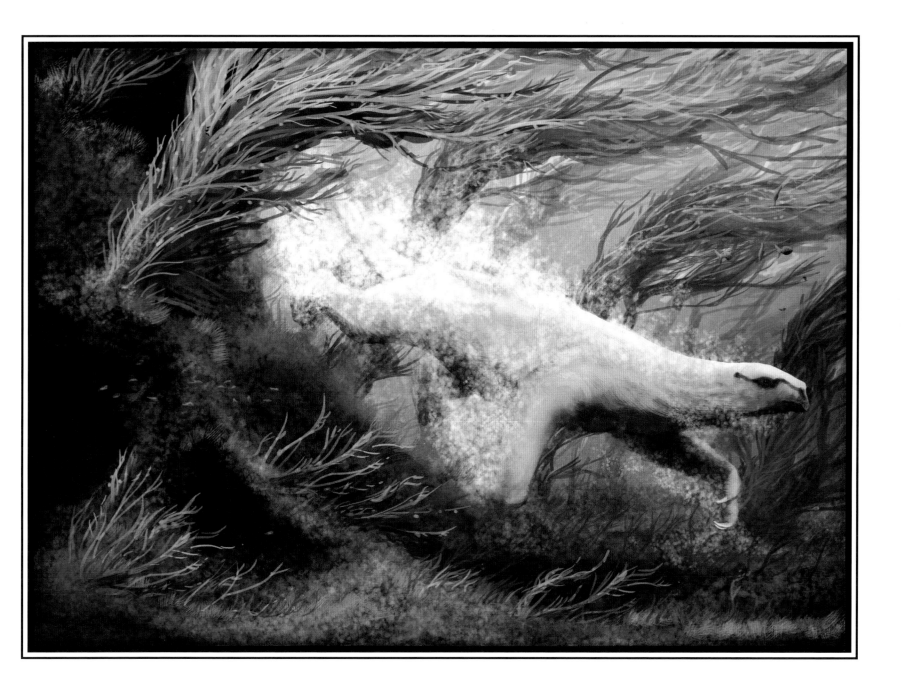

草，鬣狗的近亲，以及马（中新世）

草在现代是如此普遍，以至于我们很难想象一个没有草的世界。实际上，尽管莎草和草起源于白垩纪，但直到渐新世和中新世，林地环境逐渐被开阔区域取代，大草原、稀树草原和干草原等大片草地才出现。全球气候转向凉爽和干燥可能对这一变化起到了主要作用，同时，更强的季节性和野火频率的增加，也为适应性强、生长迅速的草快速取代乔木和灌木提供了帮助。长期以来，草一直是植食性动物的食物（化石粪便显示出草甚至是恐龙饮食的一部分），但巨型草原的出现使哺乳动物特化出植食性动物——这些物种几乎只吃草。作为一种坚韧、耐磨的植物，草并不容易消化，这迫使植食性动物演化出复杂的消化系统来摄取其中的营养物质。吃草面临的最大挑战之一是被称为植硅体的微小硅晶。它们存在于草的叶片中，会迅速磨损咀嚼它们的动物牙齿。植食性动物用更强壮、牙根更深的牙齿作为应对，在肌肉强劲的口中把草嚼碎、研磨。反过来，草没有用尖刺或毒素保护自己，而是通过一种更强的再生能力来对付植食性动物，它们的叶子直接从植物的根部长出，因此可以在被吃掉之后不断再生。

不同于林地或灌木丛，草原是开阔的环境，暴露在外的动物很少有机会可以躲避捕食者。优质的草场彼此距离很远，探索这些新的开阔区域栖息地的哺乳动物不得不面对这些挑战。马，起源于始新世早期的一个奇蹄类分支，在经历了多数时候是林地动物的早期历史之后，在渐新世和中新世成为了草原生存专家。它们对于草原生活的许多适应性特征也是其他追求这种生活方式的哺乳动物的典型特征。它们庞大的体型让行动的效率变高，也足以抵御捕食者，同时将眼睛移到了头的后上方，这使它们即便在进食时也能扫视到危险。膝和肘部以下的肢骨延伸，趾和指数量减少，以让马的四肢适合快速奔跑，这些特征有利于远距离迁移以及躲避捕食者。三趾马（*Hipparion*）是中新世—更新世的北方大陆上常见的一种马，和小马一般大小，具备上述这些特征。如对页图所示，它很可能在很多方面都与现代马接近，尽管我们会立刻注意到它的蹄上有三个趾。三趾马用每个蹄子上的一个趾走路，但主趾两侧还各有一个小趾。三趾马化石的堆积表明它们以马群的形式生活，这是现代草原动物中一种常见的防御捕食者的行为。奇蹄类动物的消化专长意味着三趾马相比同时存在的偶蹄类动物更适合吃干燥且高纤维的植物，这使得这些适应能力不同的哺乳动物能够在同一片草原上共存。

草原环境中存在着大量食草物种，这让肉食哺乳动物也发展出了自己的平原特化专家，它们具有适合在新环境中狩猎大型猎物的解剖特征。化石显示，主要是食肉目（这个类群包括大多数食肉哺乳动物）中体型较大的成员占据了这些生态位。犬科、猫科、熊科以及它们灭绝的近亲要么适应了耐力跑以追捕猎物，要么发展出了偷袭行为和伪装色以伏击不够警惕的动物。中新世最可怕的食肉动物之一便是有着狮子大小、形似鬣狗的捕食者巨鬣狗（*Dinocrocuta gigantea*），如对页图中所示。这种体型硕大（大约200公斤）的捕食者拥有巨大有力的头骨和足以粉碎骨头的牙齿，因此它们非常容易让人想到鬣狗。巨鬣狗一度被认为是鬣狗演化支的一员，但现在人们认为它们属于中鬣狗科，是鬣狗的亲族。无角犀牛维氏大唇犀（*Chilotherium wimani*）头骨上愈合的伤口与巨鬣狗的牙齿吻合，表明后者会追捕活着的动物。如果中鬣狗会像斑鬣狗（*Crocuta crocuta*，现生的最大鬣狗）那样捕猎，猎物会在长时间的追逐中疲惫不堪，并因腿部和腹部的严重咬伤而变得虚弱。我们可以想象，一旦猎物体力耗尽或者因受伤而无法继续逃跑，巨鬣狗就会开始食用猎物，而不管它们是否还活着。

125

伪齿鸟，最大的飞行鸟类（中新世）

我们对于飞行的鸟类是如此熟悉，以至于很容易把它们视为理所当然，但它们确实是演化和适应的奇迹。鸟类的适应性在它们的飞行方式中体现得最为明显。虽然鸟类本质上都有着相同的基本身体形态，但它们已经将身体比例塑造成无数种形式，以便在每一种类型的栖息地都有相应的飞行方式。有些物种，比如鹦鹉和乌鸦，是飞行通才，能够振翅飞行、滑翔，并在机动飞行上有同样的技巧。其他一些鸟类，包括许多水鸟，则依靠稳定、有力的拍打做长距离飞行。火鸡、野鸡等一般被认为不擅长飞行的鸟类，其实是发射专家，它们能够几乎垂直地飞向空中，然后跨越几百米以躲避危险。蜂鸟有一种昆虫一般高速移动的飞行机制，通过高速拍打翅膀产生在空中悬停以及敏捷移动的能力。

适应了翱翔的鸟类使飞行看起来有如家常便饭，翱翔这种飞行机制利用了上升气流（转向风和热气流）和卓越的长距离滑翔能力，可以长时间不用扇动翅膀。翱翔的鸟类都有着长而窄的翅膀和相对较大的体型。现代鸟类中有最长翼展（大约3米）的漂泊信天翁和安第斯神鹫都是翱翔专家。化石显示，在远古时代，翱翔的鸟类甚至曾长得更大。鸟类家族中被称为伪齿类的成员有着已知飞行鸟类中的最大翼展，从一端的翼尖到另一端有6—7米。另一种鸟，阿根廷巨鹰（*Argentavis magnificens*，属于畸鸟科，是一种与新大陆秃鹫有亲缘关系的掠食性鸟类）有时会被认为拥有更大的翼展，有8米之长。但这就有些高估了，因为所有已知的阿根廷巨鹰的遗骸都比大型的伪齿鸟要小；它们更可能有5—6米的翼展。伪齿鸟的比例让人联想到身形夸张的信天翁，它们的翅膀展开已接近飞行鸟类的最大限度，常见的后肢主导的起飞策略限制了翼展的进一步增长。尽管体型庞大，最大的伪齿鸟，桑氏伪齿鸟（*Pelagornis sandersi*）体重可能也只有20—40公斤，这要多亏了小小的身体和短短的后肢。实际上这种鸟差不多就是在一张嘴上直接长了一对巨大的翅膀。

比较解剖学和飞行模型显示，伪齿鸟是优秀的海洋翱翔者。它们可能像信天翁一样乘着强风、只用双翼做微小的调整就能在海波之上控制飞行路线，或者可能像军舰鸟那样利用海上的热气流翱翔到非常高的地方。它们振翅的能力似乎减弱了，可能主要是起飞限制了这一动作。伪齿鸟化石在世界范围内的分布表明它们能轻而易举地飞越很远的距离。我们不能确定这些鸟能够在空中停留多久，但如果它们像现代的海洋翱翔鸟类一样，那么它们在一年里的大部分时候都能绕着这颗星球飞行，返回陆地只是为了产卵并哺育后代。它们看起来十分凶猛的颌部长有牙齿状的尖刺；这些"假牙"让人想起吃鱼和鱿鱼的动物的牙齿，当伪齿鸟翱翔四海时，它们肯定是在寻找这类生物。高度改变的肩翼关节让很多人怀疑它们从水中起飞的能力，它们有可能是在飞行过程中捕获了所有或者大部分猎物。

伪齿鸟是一个古老的鸟类类群，最初出现在始新世。它们与其他鸟类的关系一直存在争议。直到现在，保存完好且完整的伪齿鸟遗骸都还没有被发现，也很少能够与其他鸟类做对比。根据传统说法，伪齿鸟与其他大型海鸟类群，比如鹈鹕或信天翁有关系，但新发现的化石线索却指向了不会翱翔的鸟类，包括鸡形目（鸡、松鸡和雉）和水禽（鸭和鹅），不过这些观点也有反对声。虽然鸡形目和水禽都不以翱翔著称，但它们在新生代早期的适应类型范围很宽，包括类似涉禽的形态和不会飞的巨型食草形态，如冠恐鸟（*Gastornis*）和雷鸟类。从这样的家族中发展出了巨大的翱翔鸟类——何不这样畅想一番呢？

巨猿（上新世）

我们对于人类自身演化史存在着智力偏见，这意味着非人科的化石猿类往往会在我们讲述生命故事时被忽视。人类和其他现代类人猿——长臂猿、红毛猩猩、大猩猩和黑猩猩——是中新世开始的灵长类演化分类的一部分，在那时许多种类的类人猿已经遍及非洲、欧洲和亚洲。类人猿化石很罕见，但通过洞穴和其他遮蔽环境下堆积的化石牙齿和部颌，我们知道世界上的许多地方都曾经生活着多样而共存的类人猿物种。我们人属谱系的化石就在其中，科学家们仍在考察我们——一个技术先进、适应性强的地面类人猿家族——是如何进入这个群落的，我们又是何时开始明显影响到我们近亲的历史的。

所有化石类人猿中最神秘的是步氏巨猿 (*Gigantopithecus blacki*)，这是来自中新世-更新世东南亚化石中的大型物种。我们已经发现了巨猿 (*Gigantopithecus*) 的数千颗牙齿，但除了一些破碎的颌骨，其骨骼的其他部分全都不得而知。这让这个著名的灵长类笼罩在迷雾之中，任何对它的复原——包括对复原的反对意见——在很大程度上都是一些推测。即便是它的体型也没有具体范围。它的牙齿和颌部比最大的现生类人猿——大猩猩的还大一些，因此一般认为步氏巨猿是有史以来最大的类人猿。然而，只有几只破碎的颌骨暗示了头骨的大小，并且不知道头部与身体的比例，我们对其身体大小的估计范围很广，可靠性也存疑。保守的估计表明，步氏巨猿站立起来比大猩猩（大约2米高）要高，而有些人预测巨猿有4米之高。考虑到颌骨的大小，后者的猜测似乎过于乐观了，有相反的描述显示这些动物虽然比银背大猩猩大，但也没有大得太过分。在对页图的场景中，它比早期人类直立人

(*Homo erectus*) 更高，但要记住，直立人比智人 (*Homo sapiens*) 矮一些，平均高度1.65米。

巨猿被认为是猩猩类（猩猩亚科）的成员，但它不太可能是这些现生物种的巨型版本。巨猿有时会被复原成完全直立、有点像人类的猿类，因为它们的颌部特征与类似人的颈部姿势有关系。这一观点已经在有些人群中流行起来了，特别是那些隐生动物学家[1]，他们希望大脚怪和雪人会是幸存的巨猿。但实际上这种推测很牵强：没有任何巨猿化石能让人信服地表明它们是直立的、采用类似人类的姿势。如果说它有哪一点像大型的现生猿类的话，那就是巨猿可能也是四足行走，而且由于其体型与大猩猩相仿，可能不会在树上待太长时间。它的颌骨表明它的头骨相对较短、较深，牙齿的普遍磨损表明它有着巨大而强有力的颌肌，可能更接近大猩猩而不是红毛猩猩或其他类人猿。同样的牙齿磨损模式暗示了它们会食用坚韧、粗糙的植物。巨猿居住的热带地区长有很多竹子，这可能是它们通常的食物来源，此外还有其他种类的叶子。这样的饮食意味着巨猿需要有巨大的肠道来消化这些纤维植物物质，这一特征进一步强化了我们对于巨猿是一个笨重、主要在地面活动的食草猿类的想象。这种推论出的生活方式与红毛猩猩的生态形成了对比，后者主要以树上的水果和昆虫为食。或许，尽管与猩猩亚科亲缘关系更近，但巨猿在习性和形态上更像大猩猩而不是红毛猩猩。当然，这些想法主要还是猜测，在我们对巨猿的解剖信息有更好的了解之前，恐怕谁也无法得出结论。

1.专门研究未知或传闻中的动物的学者。

昆虫社会与巨型亚洲穿山甲（更新世）

许多物种都会利用群体生活的优势，但很少有像真社会性昆虫那样把社会性和合作作为生存的必要条件。这些是具有高度组织性社会的昆虫，以合作的方式养育幼虫，成虫全年在旁，并且个体还被分为了不同等级：最常见的是繁殖者（女王）、觅食者和建造者（卫兵），以及分散开、在别处建立家园的飞行个体。家园中所有成员共享相同的基因，真社会性物种被认为是"超级有机体"：生命作为个体是不可能存活的，只有作为集体才能生存。

膜翅目（蜜蜂、蚂蚁和黄蜂）和白蚁是真社会性昆虫。蚂蚁和白蚁为地球的生物量做出了最主要的贡献，这要多亏了有些种类形成了数百万个个体组成的聚居地。这些动物建造的巢穴是这个星球上最复杂的自然结构之一，在为其居民提供舒适和安全这一能力上可媲美人类定居点。不同材料建成的巢穴出现在各种环境之中，包括内部腐烂的木头、土壤、不同大小的泥丘（有些很巨大，有几十立方米的容积），它们还会使用纸或蜡把巢建在高处（比如树枝或悬崖）。每个巢都为它的建造者提供安全和庇护，还有专门的空间用于储存或培育食物、饲喂后代。特别复杂的巢穴，比如白蚁巢，还会有让内部保持凉爽的通风机制，以对抗外部升高的气温。

零散的昆虫化石记录意味着，我们尚不确定不同种类的昆虫谱系是何时开始共同生活的。古代巢穴的化石非常罕见。许多所谓的中生代巢穴化石大都缺少真正的昆虫聚居地的特征，而且对于它们是否可以被确认为是古代蚂蚁或白蚁的巢穴仍存有很大争议。最近在琥珀中发现了白垩纪早期的白蚁化石，显示出它们早在一亿年以前就演化出了真社会性的群居行为。这一时期的蚂蚁可能也生活在群体之中，尽管可能还不是巨大的群体。据推测，在新生代的某个时期，这两个类群都有了种植真菌作为食物的能力，这一观点与在坦桑尼亚渐新世白蚁巢中发现的"真菌花园"化石是吻合的。演化模型推测，晚白垩世的蜜蜂也发展出了不同等级的社会行为。

对于所有能够突破巢穴防御从而取食其中居民的动物来说，真社会性的昆虫据点意味着大量的蛋白质。对于蚂蚁和白蚁来说，这样的生物有如噩梦：有着巨大的爪子和有力的四肢，能够挖开它们的地下庇护所、粉碎土墙；厚厚的、有时披有装甲的皮肤，可以抵抗卫兵的攻击；有着长长的、黏糊糊的舌头，延伸穿过巢穴的过道和仓室，抓住惊慌失措的居民。这些动物包括食蚁兽、犰狳、土豚以及——如对页图中所示——穿山甲。虽然它们有着相似的适应性特征，但它们并不是近亲，共同的特征是趋同演化的结果。穿山甲似乎是由始新世诞生出食肉目的哺乳类的一支演化而来，它们有着缓慢移动的习性，长着巨大的鳞片（成分和指甲一样），你可以清楚地将它们同其食肉目近亲区分开来。穿山甲如今只在非洲和亚洲活动，曾经也活跃于欧洲和北美。有一种巨大的亚洲穿山甲——2—2.5米长的古爪哇穿山甲（*Manis paleojavanica*）——在更新世时期生活在印度尼西亚的部分地区。那时候，东南亚大部分地区都是类似稀树草原的栖息地，居住着能搭建蚁家的大白蚁（*Macrotermes*），那是这种大型穿山甲的理想猎物。这种巨大的亚洲穿山甲的灭绝与人类抵达这里处于同一时期，人类的捕食可能对它们的灭亡产生了一定作用。现存的8种穿山甲也面临着相似的命运，有些人迷信地认为它们的鳞片和肉具有药用价值而大量捕杀它们。这些屠杀行为可能会导致长寿的穿山甲家族在2050年之前就消亡殆尽。

猛犸象（更新世）

很少有物种能像长毛的真猛犸象（*Mammuthus primigenius*）那样，成为冰河时代的象征。从俄罗斯和阿拉斯加永久冻土中发现的大量猛犸象遗骸，以及在其他国家发现的许多骨骼，为人们了解其生物特征提供了非常多的细节。我们的猛犸象标本清单覆盖了所有年龄和性别，并在细胞水平上保存了它们的组织，使我们能够对它们的基因、胃容物、外观和生长状况有着尤为深入的认知。这些大型长鼻目动物与亚洲象有密切亲缘关系，整个更新世期间它们都大量存在于北半球。它们是猛犸象中的最后一批，但它们并未像人们有时候描述的那样大——实际上它们的体型与现代非洲象相似。它们很好地适应了寒冷气候中的生活，有着小耳朵、短尾巴、覆盖着密集绒毛和长长外毛的复杂体表，周身还有一层隔热的脂肪。胃容物表明它们并不生活在雪原深处和冰川之中，而是很长时间生活在被称为"猛犸草原"的开放栖息地，这是一种适应了寒冷环境的草原生态系统，至今仍存在于西伯利亚的少数地区。猛犸象和其他大型植食性动物对维持这些环境至关重要，它们清除了灌木和树木，使草原不致被森林淹没。

猛犸象有着与人类共存的漫长而复杂的历史，这些人类包括我们自己这一种类的早期成员和尼安德特人（*Homo neanderthalenisis*，见对页图）。我们都依赖于以多种方式使用猛犸象的骨头和象牙，包括制作工具和建造庇护所。人类猎人会想要留在猛犸草原，因为那里有丰富的猎物；但是如果没有森林，木材就会非常稀少，猛犸象的头骨和牙齿往往是唯一可以用来建造大型建筑的材料。我们已知的人类处理猛犸象尸体的例子有很多，但我们或其他人类捕猎它们的频率仍然存在争议。猛犸象化石中愈合的矛伤记录下了几次失败的狩猎，但并不很常见。对于我们的更新世祖先来说，猛犸象无疑是一种危险的猎物，所以即使是像尼安德特人这样强壮有力的人类，一般也会避开它们，而青睐体型更小、挑战性更低的猎物。不过，无论我们捕猎猛犸象的频率如何，它们都显然给早期人类留下了深刻的印象，在更新世洞穴艺术中经常可以见到它们的形象。

尽管猛犸象在一万四千年到一万年前就已经灭绝了，但我们与它们的联系及我们对它们的敬重却没有停止。我们继续使用它们的牙制作艺术品及装饰品，因为现生象数量减少，反偷猎法律得到了加强，使得猛犸象牙比现代长鼻目动物的牙齿更容易交易。通过克隆技术复活猛犸象也是科学家和记者们一直在讨论的一个问题，这个问题关涉到的比简单的科学好奇心多得多：如果像猛犸象这样早已灭绝的动物能够被重新创造出来，那灭绝就不一定是永远的。关于克隆猛犸象的可行性，人们意见不一，不过即使是乐观的科学家也承认，目前在实现这一目标的道路上还有很多障碍。即便是最好的猛犸基因材料也损耗到对现生个体来说不可用的程度，并且，就算我们有一个完美的样本，将一个基因组转化为一组完美的染色体、并最终转变成为一个猛犸象细胞的过程也是极为复杂的。如果我们走到了在实验室中培养猛犸象卵细胞的阶段，那么接下来将要面临的挑战便是将它们植入代孕母亲——2.5吨重的亚洲象体内。这些动物很稀有，因濒临灭绝而受到保护，将它们作为实验对象是在实际操作中不可避免的噩梦（考虑到我们需要很多很多大象才能有机会克隆成功），而它们在生殖周期被打断时，很容易患上肿瘤。撇开科学不谈，后面这一点是这个野心勃勃的"复活"计划涉及到的伦理学的冰山一角。至少在可预见的未来，猛犸象很大可能还会继续处于灭绝状态之中。

侏儒巨角龟（更新世）

我们已经很接近现代了，却还没有见到最熟悉、最奇异、最神秘的爬行动物：龟鳖类 (testudinatans) ——或者，更好的说法是——龟。龟的演化支很长，至少可以追溯到三叠纪，有些演化模型将它们的起源推测到了二叠纪。虽然龟类有着各种各样的栖息地、体型和生活方式，但在进化过程中，龟类一直保持着它们装备着壳的身体、有喙的脸以及短小粗壮的四肢。据估计，现生的龟种类超过350种，但一些数据显示出，这个数字可能过于保守，今天可能有多达470种龟存在。其中至少有一半濒临灭绝，整整三分之一被列为"濒危"或"极度濒危"，这主要是因为栖息地衰退。

龟和其他爬行动物的关系引发了激烈的争论。龟没有大多数爬行动物头骨特有的成对的颌部肌肉开口，这就使它们与副爬行动物 (Parareptilia) 联系在了一起，这一类群包含了我们早在二叠纪和三叠纪就见到过的锯齿龙 (pareiasaur) 和前棱蜥 (procolophonid)。副爬行动物演化支在接近爬行纲演化树的根部分离出来，如果龟属于这一类，那它们就是这一古老的爬行动物谱系中唯一的幸存者。然而龟类的DNA显示，事情并不是这样。从基因上来说，龟类与现代爬行动物更接近，要么与蜥蜴及其近亲关系密切，要么是主龙类的亲戚。这个问题的不确定性因为历史上缺乏龟类早期演化阶段的化石而变得更加复杂。很多年来，已知的最古老的龟类成员是三叠纪的原颌龟 (Proganochelys quenstedti)，与后来的物种相比，这是一种相对"原始"的龟，但仍然是一种完全成型的龟，具有这一类群所有独特的解剖特征。值得庆幸是，新发现的中国化石已经开始揭示出龟类祖先的形态，虽然它们演化成这样的意义还存在争议，但它们的发现带给了我们希望：我们终将确定龟类是如何与其他爬行动物建立关系的。

即便对于经验丰富的生物学家来说，龟类在解剖学上也是令人惊愕的。虽然外表很低调，但它们是所有四足动物中对身体的改造最彻底的物种。它们的壳由两部分组成：下侧 (腹甲) 和上部 (背甲)。二者是由沿着动物侧面排列的骨桥连接起来的。背甲由皮肤内的骨头构成，也包括肋骨、椎骨、肩胛骨和骨盆的一些部分。典型的四足动物的解剖结构需要进行一些重大的调整，才能将带骨包围在胸廓之内！实际上，所有龟类演化支上的爬行动物都没有牙齿，长着喙状的嘴，但只有一部分种类可以将头和脖子缩回壳内。许多龟类，包括现生龟中的大部分，都只能将头部和颈部侧向收缩，用壳的前端部分地覆盖住这些身体部位。龟类可能有一个陆生、穴居的起源物种，但它们在其演化史上无数次适应了水生生活。正因为如此，像陆龟和淡水龟这样的术语就缺少了严格的定义：这只是生活方式和外表的分类，而不是真正演化类群的差异。

大洋洲曾居住着一种非凡的海龟族群：卷角龟 (meiolaniid)，或称角龟。卷角龟的起源可以追溯到白垩纪，这些动物还活着的时候看上去一定很了不起，它们体型很大 (可达2.5米)，有着带刺、覆甲的尾巴，还有让人印象深刻的颅角。卷角龟在习性上完全是陆地动物，可能以低矮的植物为食，主要是草。它们在距今3000年前才灭绝。存活到最后的是一种长1米的侏儒岛屿物种，宽头小角龟 (Meiolania platyceps，见对页图)，生活在澳大利亚的豪勋爵岛。那里的化石遗址中有数百块被人类屠杀的卷角龟骨头，显示出人类狩猎是它们灭绝的原因之一。

134

恐鸟（全新世）

在过去的8000万年里，新西兰一直与其他南方大陆分离，从而发展出了包含有多种不会飞的鸟类的生态系统。不会飞的鹦鹉、秧鸡和几维鸟今天仍然存在，虽然数量非常稀少，许多物种只能通过重重保护才能存活下来。在仅仅几百年前，在到达新西兰的人类定居者狂热的捕猎之后，新西兰最大、最惊人的不会飞的鸟——恐鸟——已不再与我们共存了。恐鸟是平胸类，与鸵鸟、鸸鹋和几维鸟属于同一鸟类家族，尽管它们与几维鸟都在新西兰生活，但亲缘关系并不是很近。DNA分析揭露了平胸类令人惊讶的复杂演化史；相比几维鸟、乃至鹤鸵和鸸鹋这样的澳洲平胸类，恐鸟与南美洲的鹅鸵有着更近的亲缘关系。这远不是唯一由基因数据发现的鸟类关系的变化。鸟类家族树的许多枝条现在的排列方式，都与仅从身体解剖学推导出的演化关系大不相同。

除了历史上毛利人的一些高度风格化的绘画，没有任何已知的记录对恐鸟的外貌或习性做了细致描述。因此，虽然恐鸟在公元1400年左右灭绝——在地质史语境下只是一毫秒之前——我们也只能重新复原它们的生活，就仿佛它们已经灭绝了数百万年一样。这是一声对于灭绝终局的刺耳警告，考虑到我们今日的地球上有这么多数量的物种都岌岌可危，也是一个发人深省的思考。恐鸟的化石记录开始于1900—1600万年前，但在人类到达新西兰后仅仅150年时间，其数量就下降到了不可持续的水平。考古遗址保存着用于运输和处理这些往往过大的鸟类尸体的木筏和烹饪工具，这些动物——在我们登陆之前——从未担心过大型陆地捕食者。哈斯特鹰 (*Harpagornis moorei*)似乎是成年恐鸟唯一的天然捕食者，这种捕食性鸟类体型堪比最大的现生猛禽。随着恐鸟数量的减少，哈斯特鹰也灭绝了。这些都是全新世最大灭绝事件之一——人类南迁导致波利尼西亚成千上万的鸟类消失——的一部分。

恐鸟留下了大量的化石记录，包括骨骼、干化的遗骸和脚印，为它们的生物学外表提供了详细的参考。它们的生活年代很接近现代，意味着我们可以获得它们的遗传信息，这有助于解决长期以来关于恐鸟种群数量的争论。恐鸟的身体比例和体型在很多方面都有不同，我们曾经把更新世和全新世的恐鸟分为了二十多种，但目前只有9种得到了确认，多亏有DNA向我们显示出恐鸟个体之间显著的大小差异是性别不同的结果，而不是种类的不同。雌性恐鸟一般有更大的体型，恐鸟属 (*Dinornis*) 的雌性成员会长得尤其巨大：比雄性大280%。这在所有鸟类和陆地哺乳动物中是最显著的两性差异。

虽然表面上看起来像鸵鸟，但恐鸟通常体格魁梧，更适合行走而非奔跑。其中一些，比如图中描绘的巨恐鸟 (*Dinornis robustus*) 就是一种巨大的动物，站立时比人类还要高，体重将近250千克，但其他一些——比如灌木恐鸟 (*Anomalopteryx didiformis*) ——要小得多，只有1米多高，体重20—50千克。所有种类的恐鸟都完全失去了翅膀，唯一的前肢痕迹是肩带，只剩下了手指大小的一段。至少一些恐鸟从头到脚都覆盖有羽毛，但是否所有种类都是这样尚不清楚。通过保存下来的胃容物和对化石遗址的仔细评估，科学家们揭示出了它们的饮食习惯和偏好的栖息地。所有的恐鸟都是植食性动物，但它们在栖息地和食物上的选择各不相同，这使得许多品种可以生活在新西兰各种不同的地形之上，而不会在生态学意义上踩到彼此的脚趾。

现代人（全新世）

大约30万年前，现代人——智人 (*Homo sapiens*)，从非洲的人属 (*Homo*) 分化了出来。基因数据显示，我们是一个混血物种，在我们离开非洲老家的旅途中与人属中的其他成员发生了杂交。尼安德特人与另一种非常神秘的人类分支——丹尼索瓦人的DNA仍然残留在我们的基因之中。

人类是人科的成员，这是类人猿谱系一个非常聪明的灵长目类群，在演化到你和我的过程中，人科动物变得尤为擅长技术革新、解决问题以及交流。虽然与其他类人猿相比，人科在解剖结构上似乎很古怪——这很明显，因为我们有着长腿和短臂 (这些特征看来是为了适应必需的直立姿势和长途旅行)，但我们的结构对于灵长类来说是完全正常的。举例来说，我们肢体的比例与猴子没有太大差别。我们身体表面的大部分地方看上去都没有毛发，但这只是因为上面大多覆盖着短而细的毛，只有近距离观察才能看出并非是裸露的皮肤。实际上，我们和其他灵长类动物一样多毛。我们对于直立和双足行走的适应能力胜过我们的近亲，但这并不是我们独有的特性：许多灵长类都对直立行走有一定适应能力。就像其他灵长类一样，我们的脸上装饰着毛发和脂肪组织，彰显了我们的活力和健康。除了身体构造之外，甚至我们的社会结构也是典型的灵长类风格：尽管文化上有所不同，但都是围绕着长期照顾后代，以及由血亲或非血亲组成的氏族而形成的。

真正让我们有别于其他猿类、甚至所有其他动物的，是我们的技术实力。使用工具对于所有种类的动物来说都是常见的，即使是那些缺少抓握手的物种，比如鸟类或海豚。但没有其他物种的技术能力发展到足以绕过自然选择带来的种种主要挑战。我们的技术消除了阻碍我们迁移和繁衍的障碍，使我们能够快速克服自然挑战，而这些本应需要演化机制下的很多代才能应对。我们还史无前例地拥有储存集体知识的能力，使我们的后代能够改进祖先的创新发明。这些能力让我们能够将这个星球上的许多地方改造为完全适宜我们的需求和安全的居住所，在这一过程中，我们创造出一种新的、如今已广泛存在的栖息地形式：城市。人类是一个特殊而非凡的谱系，这样的物种以前从未在地球上存在过。

然而，我们的成功是有代价的。持续的人口扩张和对资源利用带来的后果在近些年来备受关注，显然，人类活动正在对环境产生全球规模的影响。我们选用的能源的排放正在迅速造成令人担忧的全球气候变化。我们产生的废物和污染物存在于全世界的栖息地和环境之中，甚至漂流到了深海和无人居住的陆地上。土地向农地和人类居所转变，荒野减少，动植物的数量也减少到濒危的水平。我们的活动现在甚至可以在地质水平上检测到，所以有些人提出了"人类世 (*Anthropocene*)"——一个由人类活动所定义的地质时期。

这些行为导致的生物多样性危机堪比"五大"灭绝事件。我们正在经历一场生物灾难，数据显示得很清晰：我们正是问题的源头。生物圈的长期衰退意味着无数——也许是大多数——物种处于危险之中，甚至是相对普通的"低关注度"物种也在生死线上挣扎。这场危机最终也会影响到我们。普遍的浪费和污染，崩溃的海洋和陆地生态系统，以及变化的气候已经影响到食物的供应和质量、我们的健康以及我们村镇和城市的宜居性。我们对地球造成的影响不仅仅是野生动物要面对的问题，而是所有生命的问题。在未来的几年和几十年里，我们面对这些事实所做出的选择，不仅决定了我们自己的未来，也将决定自然界的命运。

139

夏威夷黑雁（全新世）

公元1778年，英国探险家詹姆斯·库克船长走下"决心号"战列舰，登上了夏威夷群岛。欧洲人的到来极大改变了夏威夷的自然状况，带来了人类猎人并引发了一系列的栖息地变化，还把猫、**獴**和猪引入了这片没有它们天敌的地方。自9世纪至10世纪波利尼西亚定居者到来以来，夏威夷的动物经历了一系列灭绝，而欧洲人的涌入大大加快了它们的灭绝速度。受到波及的物种之一就是夏威夷黑雁（*Branta sandvicensis*）。这种中等大小、叫声柔和的夏威夷特有的雁，是从被风暴吹到岛上的加拿大黑雁演化而来。它的特点是长有半蹼的足、长长的腿和有特殊纹理的羽毛，相比其他雁类，它的生活习性更偏向陆地性。1778年，其估计数量大约是25000只，而到了1951年其野外种群却下降到了只有20—30只，此外还有13只被圈养。那时，人们几乎可以肯定，夏威夷黑雁将在这个千年里加入数百种夏威夷本土动物的灭绝行列。

不过，夏威夷黑雁仍然和我们在一起，其野生种群数量正在缓慢增长。它们之所以能活到今天，是因为曾经使它们濒临灭绝的物种决定拯救它们。从20世纪50年代开始，人们开展了密集的夏威夷黑雁保护措施，包括圈养繁育和放生计划、控制夏威夷的引入食肉动物、为野生黑雁种群设立保护区。从这20—30只鸟，发展到现在已经有超过1000只野生的夏威夷黑雁，还有约1000只被圈养在世界各地的动物园和野生动物园中。这一物种仍因为数量少、遗传多样性大大减少而处于危险之中，但它现在有了值得争取的生存机会。

夏威夷黑雁的故事已经被全世界的生物学家和环保主义者们重复了很多次。像熊猫这样的标志性物种身上便可见证恢复种群工作的努力，它们在野外的数量已经足够从濒危物种名单中被移除。消灭岛上的外来物种、谨慎控制捕捞配额，这些措施可以使生态系统恢复到历史平衡，让本土物种得以重新繁衍。濒危的两栖动物被全部捕获，以圈养的方式保护它们免于承受栖息地消失的后果。这样的计划需要付诸的努力是难以想象的：即便是很小的保育项目也在实践、组织、科学性和经济上有极大的要求。饲养圈养动物或密切关注野生个体是一个巨大的挑战，特别是在栖息地退化、偷猎和气候变化的背景下。事实上，保护物种和环境所需要的资源往往不足，也并不是所有努力都能成功。现代保育工作的悲哀事实是，我们必须要选择投身于哪一场战役，在可用资源与保育需求及其成功的可能性之间做权衡。

不过，任何保育工作的要义都是确定某个物种或环境值得投入力量，并配合足够的舆论活动，让保护行动得以展开。我们的生物多样性和环境正处于危机点，只有通过改变我们对自然界重要性的看法、并对我们已经造成的影响担起责任，才能避免现存物种和栖息地的进一步消失。不像以往那些被陨石撞击或火山活动催化的灭绝事件，我们这次的集群灭绝事件中尚有良知。这是地球历史上首次，有意识的、有感情的物种的抉择将决定未来岁月的生命形态。

附 录

艺术家的说明

为了让这本书中的插图在当代科学角度上尽可能令人信服，我已经尽了最大的努力，但其中仍混杂着难以确切证实的数据、猜想和推论。这些元素在不同画作中的占比不同，对于大多数读者来说都很难直接看出来。为了使本书中的古生物艺术有尽可能透明的科学性，我会将作画时参考的基本数据和想法做出如下的概述。如果想了解更多我在这本书里复原化石动物所采用的方法和思想，您可以参阅《古生物艺术家手册》（威顿，2018）。我也会在这里说明我的一些创作想法，并指出哪些作品是向本书前身《万世生命史》（后文记为"《万世》"）致敬——以感谢奈特的艺术灵感和所选择的创作对象。

打造适合生命的星球（冥古宙）

虽然关于我们这颗星球形成的某些方面还存在争议，但这幅画所依据的主要理论——一个过热的原始地球、一个由尘埃和气体组成的环，以及大量小行星——都是无可置疑的。现在，人们可以直接见证到许多类似的行星形成过程，它们都与一个遥远的、新形成的世界联系在一起：见开普勒等人（2018）和穆勒等人（2018）关于行星形成的优秀的现代见解。至少在我们的地球存在的最初时期，它看起来一定很像图中表现的样子。

生命的起源（太古宙）

我是根据深海水热烟囱的照片绘制这幅阴暗景象的，特别是北大西洋的那些失落之城热液区的照片。这里的环境如此深邃，远离

了所有的光线，但完全黑暗的图像看起来非常糟糕。我添加了昏暗的光线来显示出这片异域中如同城市景观的特征。

叠层石（太古宙-元古宙）

很少有古生物艺术着重描绘叠层石。这有很多原因，泥巴、黏液和岩石没法激发太多艺术家的灵感。我复原这个场景主要参考了大量现存叠层石的照片，并给叠层石赋予通常只在霸王龙身上采用的艺术处理：恢弘壮丽、极度渲染。

埃迪卡拉生物群

虽然场景中的每一个埃迪卡拉生物的复原都是基于当代对于它们生活方式和外表的观点，但它们在古生物学上仍存有很多疑点，所以，请您在欣赏我对这些物种的复原图时，带上看所有埃迪卡拉古生物艺术时同样的怀疑态度。金伯拉虫特别活泼和好奇的样子是根据伊万佐夫（2009）给出的解释。艺术家们通常在创作埃迪卡拉纪景象时，会将其描绘得如同商店展柜，将每一种生命形式整齐、干净地排列出来，让每一位都清晰可见。而我选择了一种更为复杂、希望是符合自然的构图方式。

寒武纪生物群

绘制寒武纪生物的艺术家要面对两大挑战。首先是众所周知的一些物种的生活方式尚不明确；其次是鲜为人知的体型问题。本画作的基础是伯吉斯页岩这样的化石遗址，其中的许多化石都是微小的

生物，大部分都只有几毫米长；而相应的，像奇虾这样的动物则要大得多——将近1米长。这幅图很明显在体型上是有出入的，但这是为了让奇虾不要占据画面的太多地方，我把它们画得比最大体型稍小一些。这个场景中的动物大多是基于欧文和瓦伦丁提供的数据 (2013)。

三叶虫（奥陶纪）

三叶虫的解剖特征广为人知，但很难在艺术中表现出来，因为它们许多有趣的特征——腿、鳃和触角——几乎完全隐藏在甲壳之下，而运用较低的视角就会错过它们背部表面的特征。这或许解释了为什么艺术家们在画这些动物时，会使用一个朴素的背外侧面，这是我在这里也无法突破的传统。这一景象中的欧几龙王虫和*Basilicus vidali*是根据摩洛哥的早奥陶世化石（科尔瓦乔和贝拉，2010）来绘制的。

奥陶纪–志留纪大灭绝

这是一个看起来不太开心的直角石，它的软组织的还原与鹦鹉螺——其最近的现生近亲有很大关系。直角石与鹦鹉螺的亲缘关系比菊石更近，因此，尽管我们尚不清楚直角石是否有口盖这样的结构、是否有80—90条触须，但基于鹦鹉螺来设计它们的外表——尽管也许还是有些许猜测的成分——已经是相对可靠的方案。

无颌鱼、有颌鱼，以及"海蝎子"（志留纪）

我绘制这个晚志留世景象参考了威尔士唐顿城堡砂岩组的数据，那里出现了棘鱼化石的骨床。但不太走运的是，这些化石通常只是零散的鳞片。所以，这里描绘的鱼类和板足鲎都多多少少反映了我对它们各自族群的刻板印象，而不是还原了某个特定物种的细节。马斯、图尔纳和卡拉塔祖特-塔利马 (2007)，以及朗 (2010) 是此张图片的首要参考数据来源。

植物占领陆地（志留纪）

苔藓和其他多孢植物——而非早期维管植物——主导了这个场景。在古生代早期的陆地上，这些生物似乎比更大型的植物要来的丰富。与之前的志留纪插图一样，这幅画作也是基于唐顿城堡砂岩组的数据，这两幅画可以看作是陆地与海洋的对照。因为画作的背景是在威尔士海边，天正在下雨。

霸鱼（泥盆纪）

霸鱼最有代表性的就是它的头骨。它其余的骨骼是软骨，因此几乎没法保存下来。霸鱼的头骨现在已经有了相对完好的记录，它奇怪的特征——比如下滑的下颌骨——已经被多个标本证实（见博伊尔和瑞安，2017）。我们唯一完全了解的盾皮鱼是一些小型鱼类，它们不需要为了在海洋中巡游而优化自己的身形，而这对于前进进食的大型动物则十分必要。巨大的掠食性盾皮鱼——邓氏鱼的外观灵感来自大白鲨（费隆、马丁内斯-佩雷斯和博泰拉，2017），我让霸鱼的身体形状更适合进行强而有力的长距离游泳。我的理由是，塑造现代鱼类身体形状的自然选择压力在泥盆纪也会起到同样的效果。

早石炭世的湖泊

我绘制这一景象是基于苏格兰早石炭世遗址新发现的化石，特别是出自威利洞穴中的化石。在撰写本文时，人们只对这些遗址做了暂时的考察和记录。图景中的动物群参考了此地的化石，但肯定有一些是解剖学上的成见，有待人们对这些沉积物和化石堆做进一步研究来下判定。苏格兰国家博物馆的早期四足动物专家以及卡罗尔 (2009) 提供的大量骨骼图文库帮助我完成了此复原图。

普莫诺蝎，古代苏格兰地区的巨型蝎子（石炭纪）

优质、完整的普莫诺蝎化石可以细致地重现它的生命形态；尽管它很古老，但看起来确实就像一个巨大的现代蝎子[参见耶拉莫

(1993) 对其解剖特征的精彩论述]。在这个景象中, 它追逐的小型四足动物是西洛仙蜥 (*Westlothiana lizziae*), 这是一种壳椎类动物, 我们也是从完好的化石中了解到它的——只缺失了尾巴的一部分。卡罗尔 (2009) 的文献是主要的解剖学参考。虽然这个捕食猎物的场面是我推测出来的, 但西洛仙蜥的小个头 (成体长度20厘米) 意味着它可能是这种巨蝎的理想猎物。

四足动物侵入陆地（石炭纪）

像石炭纪湖泊插图中的动物一样, 这个场景中的动物也是根据苏格兰的新发现绘制的, 这些发现还有待详细地研究。圆螈和瓦切螈的外观是基于所在演化支的已得到充分认识的物种 (见卡罗尔, 2009), 而最左边黑红相间的动物参考了昵称为 "瑞伯 (*Ribbo*)" 的未命名物种——我们对它的认识还很初步。这幅复原图的创作得到了苏格兰国家博物馆的早期四足动物专家的帮助。

帆螈, 一种有背帆的"两栖动物"（石炭纪）

除了少量的椎骨和一块头骨外, 帆螈的背帆基本上是这种动物唯一已知的解剖特征。和帆螈几乎所有的复原图一样, 我们这幅也将阿氏巨头螈的身体、头骨与帆螈的背帆做了结合。我们对帆螈的认知表明这种方法是可靠的, 但请注意, 这个属更完整的遗骸可能会使这种复原在未来显得过时。巨头螈的比例细节很大程度上来自芝加哥菲尔德博物馆的骨骼标本。

卡色龙: 陆生脊椎动物向植物宣战（二叠纪）

杯鼻龙是由几块完整、清晰、立体而惊人的化石所表现的, 这使我们对这种动物的比例有了确凿的认识。实际上, 若不是因为杯鼻龙化石有着如此高的质量, 我们很难相信这样的小脑袋会接在这么庞大的躯体上! 这些遗骸为本图提供了主要的解剖学参考, 更多的细节来自斯托瓦尔、普莱斯和罗默 (1966)。

异齿龙（二叠纪）

本图是在奈特的《万世》原图基础上直接做了更新, 这是一幅相当传统的图景, 表现了一只异齿龙在小溪旁咆哮。这次的更新让异齿龙有了更复杂的行为 (笠头螈的尸体暗示了进食行为, 幼崽的存在暗示了育儿行为), 对于其解剖特征我也做了一个全面检查。古生物学家斯科特·哈特曼近期的工作成果表明, 我们对大异齿龙的传统看法在很多方面都有错误, 它可能有更像哺乳动物的脊椎弯曲度、更短的尾巴, 以及更直立的肢体姿势 (哈特曼, 2016)。这幅插图因为动物的蹲姿而没能体现出直立的四肢, 但它完全表现了21世纪的人们对这一经典古生物艺术对象的认识。

旋齿鲨（二叠纪）

由于我们对旋齿鲨的解剖结构知之甚少, 我决定将注意力集中在它最有名的特征上: 它的下颌 (塔帕尼拉等人, 2013)。其身体可以被部分辨认出来, 但有充足的黑暗笼罩着, 形象不会很明显。此外, 过度的透视收缩视角让它的长度不会被轻易计算出来。我并不想遵循古生物艺术中短缩法的传统, 但在这种情况下, 这种方式有助于掩盖我们对这种动物认知的巨大缺口, 同时也创造出了一个有些让人毛骨悚然的场面。这对我来说也没什么问题: 许多海洋物种冲出黑暗时都显得很吓人, 我相信在远古也是如此。

二齿兽（二叠纪）

畦头齿兽是卡鲁超群中一种常见的化石, 虽然它仍主要是通过零散的头骨和不同质量的骨头而为人所知。不过, 对于这个类群的了解已足够使我们合理还原出它的形象。同样的情况也大致可以用来描述我们对小鼻小头兽了解的程度。我的畦头齿兽复原主要参考了芝加哥菲尔德博物馆的骨骼标本, 而小头兽则参考了纳斯特雷克、卡诺维尔和齐萨米 (2012)。虽然我的复原不是对《万世》的直接致敬, 但奈特选择了卡鲁超群中这个未命名的二齿兽, 本画作延续了他的主题。

大灭绝：二叠纪末灭绝事件

这个场景里的动物是卡氏盾甲龙 (*Scutosaurus karpinskii*)，一种来自俄罗斯的二叠纪标志性爬行动物，生活在二叠纪末期。从其优良的化石标本中，我们对它有了充分的研究和认识，能够还原到细节，甚至知道它面部和背部的鳞片排列。美国博物馆的一具组装好的骨架为这个物种提供了主要的参考。考虑到今天的地球上没有类似规模的火山喷发，这张图片的另一个棘手的方面，就是要把导致二叠纪末大灭绝事件的火山活动视觉化。我参考了裂缝喷发的航拍照片来创作这幅图的背景，同时，参考了经历过长期喷发的地区来创作前景。

现代自然界的基础（三叠纪）

这个巴西的景象反映了在二叠纪大灭绝之后，早三叠世的"煤隙"带来的树木的缺乏。这幅图中的主要动物戴尤亚瓜鳄，仅通过一个保存完好的头骨[由皮涅罗等人记录 (2016)]而为人所知。其他解剖特征基于另外一些早期主龙形类，特别是弗氏古鳄 (*Proterosuchus fergusi*)。

我们对前棱蜥的了解更多一些，不同的标本表现了其大部分骨骼特征。德布拉加 (2003) 对它的解剖特征有详细说明。背景中的离片椎类 (*Sangaia lavinai*) 还没能在化石中有很好的表现 (已知的只有部分头骨)，所以我在这里随意采用了其近亲的特征来展现。

两栖鱼龙（三叠纪）

我们对短吻龙的大部分认识都来自于一具被压碎但保存完好的骨架，唯一缺失的是尾部的一大部分 (莫塔尼等人，2015)。我们了解其鱼龙近亲 (可能是同族) 小头刚体龙 (*Sclerocormus parviceps*) 的完整尾部，将之作为短吻龙尾部的理想模型，这似乎是一种合理的假设。不太确定的是这些早期鱼龙的躯干宽度，因为它们的化石只保留了横向面。我假设它们的身体相当浑圆但又很窄——与其他三叠纪鱼龙的体型一致，也与唯一已知的短吻龙标本的肋骨曲率一致。

叛逆腔棘鱼（三叠纪）

叛逆腔棘鱼的大部分信息都由温卓夫和威尔逊记录 (2012)，除了头骨还没有被发现。这就有点倒霉了，因为我们总是喜欢在艺术中看到面部，即便它们是动物，这就要求我要为这种奇异的腔棘鱼发明一个合适的头盖骨。我的叛逆腔棘鱼头部以其他腔棘鱼的头骨化石为基础，但我给它加上了流线型轮廓，以符合它们强力、快速的游泳习性。

引鳄（三叠纪）

这个场景中的物种——马迪巴格尔赞鳄——并不是我们认识最充分的引鳄。表现它的骨架上带有大量断裂的骨头 (见高尔等人，2014)。值得庆幸的是，我们对其他格尔赞鳄已经有了更完整的认识，这样就可以将马迪巴的资料映射到这些物种上去，从而确立一幅合理的外貌图。本图主要参考了莫斯科的俄罗斯科学院古生物研究所内一具组装好的格尔赞鳄[图片见先尼科夫 (2008)]。这种动物最显著的特征之一——眼睛上下两侧突出的凸起——意味着在这个图景中，让一只动物面向观者是有必要的。

滤齿龙，一种早期的水下植食性动物（三叠纪）

我们已经了解了滤齿龙完整清晰的骨架，这就让我们对确定其总体比例有了一定把握 (程等人，2014；淳等人，2016)。皮肤上的装饰虽然是我的猜测，但也是基于鳄鱼雕塑般的背部和海鬣蜥多刺的褶边；大部分海洋动物都是流线型的，但不是全部。这个景象中描述的行为——在死寂的夜晚，一只孤独的滤齿龙对着一块形状可疑的石头嚎叫——也完全是推测。还原灭绝动物的行为是极其困难的，而且就我所知，它们的习性——现在对我们的知识来说是孤独、浩瀚而遥远的——可能会比我们通常想象的更加奇特。

摩根锥齿兽与哺乳动物的黎明（三叠纪）

尽管从大量的材料中我们知道了摩根锥齿兽，但完整的标本还没有被发现，其精确比例仍然成谜。因此，这一复原图尽可能多地参考了摩根锥齿兽的解剖（如劳滕施拉格尔等人，2017），但还有一部分该归功于大带齿兽（Megazostrodon），这是和摩根锥齿兽关系很近的亲族，我们对它的了解是依据更完整的骨架和经典的F.A.詹金斯骨骼复原的插图[由詹金斯和帕灵顿首次出版，(1976)]。与摩根锥齿兽在一起的沉积物中发现有烧过的植物，确定了这里的环境曾被燃烧；显然，这种动物的岛屿家园定期会受到森林火灾的影响。

大海百合航船（侏罗纪）

海百合航船的性质——就像在正文中概述的那样——已经由化石充分得到表现了，在古生物学文献中也有相当多的描述。画中涉及到的标本是已知最大的海百合航船，有500平米，是世界上最大的化石标本之一。它被发现于德国西南部的波西多尼亚页岩，展示在霍尔茨马登的豪夫博物馆一面巨大的墙上。场景中的蛇颈龙是胜利梅尔拉龙（*Meyerasaurus victor*），我们是通过出自同一沉积层的完美而精细的骨架了解到这个物种的。它们解剖学上的主要参考是展示于斯图加特自然博物馆的惊人的蛇颈龙正模标本。在航船周围徘徊的小鱼是我推测出来的，暗示出在海百合纲之外，还有其他动物也使用原木作为栖息地，这个事实通过对航船标本的仔细检查得到了证实。

大眼鱼龙（侏罗纪）

鱼龙往往是以破碎的标本的形式被保存下来，但大眼鱼龙则有优秀和完整的三维遗骸，使人们可以精确地将其比例复原出来（麦高恩和莫塔尼，2003）。它通常被发现于浅海的沉积物之中，那里的水可能有几百米深，所以请一定把它身处海岸景象中的图像看作我的猜测。不过，考虑到许多开放水域的物种经常会到海岸线觅食或寻找用于繁育的遮蔽处，我认为这个想法并非完全不合理。这个景象中还包含了一些一般与海洋爬行动物艺术不相关的岩基海岸的元素——在一本有着大量海洋场景的书中，这是一种有效的避免重复的方法。

近鸟龙：一种近乎是鸟的恐龙（侏罗纪）

尽管近鸟龙是在最近几年才被发现的，但人们对于其外观的了解相比对大多数其他化石物种来说要多得多。对近鸟龙的认识来自状况极其好的化石，这些化石记录了它们羽毛结构的微小细节和分布位置（如萨伊塔、格勒特和威瑟，2017），通过化石色素细胞的显示，它还成为了几项颜色模式复原研究的对象（李等人，2010；林格伦等人，2015）。这些化石色素让我们确信，近鸟龙可能看起来与这里的复原图很像：身上通常有黑色和白色，内翼有斑点，翼末梢有条纹，头部长有一些红色的羽毛。需要强调的是，并不是所有的色素都保存在化石中了，近鸟龙的黑色、白色和红色是否是通过其他产生颜色的机制被筛出来的，这还有待研究；但对于这种动物外观，我们仍然有一个稳固的基本的认识。

雷龙（侏罗纪）

近几十年来，我们命名的蜥脚类动物的数量激增，在现代的古生物艺术作品中像雷龙这样的老派类别似乎有些奇怪地保守。但雷龙与《万世》的分类系统有关，而且现代解释与奈特时代恐龙科学的解释完全相反，使它成为本书的一个理想题材。保罗（2016）和斯科特·哈特曼的骨骼绘图网站为现代对蜥脚类形态的刻画提供了出色的视角。在二十世纪的学者看来，认为蜥脚类能够用后腿直立、用脖子打斗是一种古怪甚至荒谬的想法，他们认为蜥脚类动物是动作迟缓的沼泽生物，然而今天，这样的看法完全符合我们对雷龙解剖学和生物力学的认识。在泰勒等人（2015）那里可以了解更多关于雷龙用颈部格斗的信息。

中生代哺乳动物（白垩纪）

这个景象是早白垩世英国波倍克组的动物群，我们对这些动物的了解仅来自牙齿，所以它们的形象在很大程度上受到了我们更加了解的那些它们的中国近亲的启发，主要是中华侏罗兽（*Juramaia sinensis*，罗等人，2011）。我们对于图片中央的掠食性驰龙，破坏侦查龙（*Nuthetes destructor*）的了解也来自仅有的材料：下颌的牙齿。蜥脚类和这些动物的足迹来自相同的沉积物（斯威特曼、史密斯和马迪尔，2017）。我在这个场景中这样安排它们是对奈特《万世》中雷龙插图的致敬。

羽暴龙，有羽毛的暴龙（白垩纪）

这张图片的构图直接重制自奈特《万世》的暴龙图像，描绘了一只暴龙正逼近一个较小的对手。由于羽暴龙和暴龙的身体比例不同，而且奈特原作中的暴龙身体略显过长，所以要抬高最前面的羽暴龙头部就需要一个创造性的解决办法。一个充满活力的飞跃动作解决了这个问题，也反映出了我们对恐龙行为的现代认识——在奈特的时代，描绘恐龙跳跃很少见，而今天却司空见惯。如今，将羽暴龙置于雪景中展示已成为了一种惯例，它们并不是生活在永远是冰雪的环境中，但没有什么作品能比在冰雪中嬉戏的暴龙图像更能代表我们这个恐龙古生物学的新时代了。我们对羽暴龙的解剖结构已经很了解了——细节见徐等人（2012）。

花与昆虫传粉（白垩纪）

这副图景描绘了巴西克拉图地层的植物群，这里的化石保存完好，也有大量的昆虫化石。景象中的主要植物是*Araripia florifera*，一种早期的被子植物，我以莫尔和埃克隆（2003）的描述为基础。昆虫——蟑螂、螽和蜂——都基于破碎但被特别保存下来的克拉图昆虫，所有这些昆虫都有现代近亲作为我的复原参考。由马迪尔、贝希里和洛夫里奇（2007）提供的关于克拉图生物群的大量文献，为此场景中的昆虫提供了参考。

白垩刺甲鲨和无齿翼龙（白垩纪）

无齿翼龙是最著名的会飞的爬行动物之一，已知的标本超过1100个，所以其基本形态的复原是很可信的（本内特，2001）。更令人惊讶的是，我们也了解白垩刺甲鲨的骨骼：鲨鱼的软骨骨骼很少能保存下来，但我们有几具很完好的白垩刺甲鲨骨架，记录了身体的长度、鱼鳍的大小和头骨的比例（岛田，1997）。正如正文所述，我们已经了解到的这些鲨鱼和翼龙之间的互动是这张图片的基础，一个无齿翼龙颈椎骨化石与一个中等大小的白垩刺甲鲨的牙齿有密切的关系（见霍恩、威顿和哈比卜，2018）。我们无法知道这些啃咬的化石证据来自猎杀还是食腐；在没有任何数据指导的情况下，自然界的残酷最终在这幅戏剧性的飞跃捕食绘画中胜出。

强大的祖鲁龙，胫骨摧毁者（白垩纪）

祖鲁龙这个名字，来自于被科学界认定为史上最有趣的电影之一《捉鬼敢死队》（1984），是里面一只类似于狗的生物的名字。祖鲁龙是一种我们了解相对较多的动物，有三维的可怕头骨、保存完好的尾巴和大量皮肤细节，包括鳞片和凸起（阿布尔和埃文斯，2017）。随着更多祖鲁龙标本的出现，我的插图可能会变得过时，因为在撰写本书时，祖鲁龙的大部分遗骸都已经被发现了，只是尚未从岩石中完全取出。《捉鬼敢死队》的粉丝可能会注意到这个景象中有一些非常微妙的对电影的致敬。

巨型海洋蜥蜴与中生代海洋革命（白垩纪）

19世纪和20世纪早期的古生物艺术中有一个延续很久的惯例，就是展现在水面上游泳的海洋动物，而不顾及它们在水下运动的能力。奈特的《万世》中的沧龙也不例外，这张图片中的球齿龙就是向这种动物已过时的肖像致敬。它们的软组织以巨蜥的为基础，在面部周围可能特别明显；同样也以特殊保存的沧龙标本为基础，这些标本展现了身体轮廓和皮肤的细节（如林德格伦等人，2010；林德格伦·卡杜密和波尔辛，2013）。

庞大的菊石（白垩纪）

如正文所提到的，我们对菊石软组织解剖特征的了解非常有限，这里展示的复原图采用了对菊石外貌的一种相当传统的艺术表现方式。来自威尔士的侏罗纪菊石的软组织残留痕迹可能暗示了它们有数量较少的短触须，我在这里遵循了此种观点（总共十根触须），我假设它有着乌贼和章鱼那样的复杂眼睛，而不是简单的鹦鹉螺眼睛[见克卢格和莱曼（2015）对我们已知的菊石软组织信息的论述]。巨菊石可能已经存在了一段时间了，其外壳直径达到2—3米，我推测它的外壳上覆盖着藻类和其他有壳生物，就像我们今天在鲸鱼和海龟身上看到的那样。

飞翔的巨型爬行动物（白垩纪）

巨型的神龙翼龙化石的尴尬状态正如正文所说，这一点值得再重复讲一遍：基于不同的物种，我们要么是有属于不同个体的骨骼碎片，要么——如著名的巨兽诺氏风神翼龙（*Quetzalcoatlus northropi*）——只有一个巨大而不完整的左翼。因此，你所见到的任何对这些巨兽的复原都是把某个小型的神龙翼龙放大到小型飞机的大小。我们有限的数据表明，这种方法并非完全不合适，我们多少知道这些骨骼比例是如何能够在这样大的尺寸下助力飞行的，但我们还在等待着完整的巨型神龙翼龙化石，以便确认我们对它们整体形象的艺术表现是否合适。图中神龙翼龙的解剖特征是基于我、达伦·奈什和迈克·哈比卜关于这种动物出版的作品（如威顿和奈什，2008；威顿和哈比卜，2010；奈什和威顿，2017）。

恐鳄，一种巨大的短吻鳄（白垩纪）

尽管我们是靠着相对完整的遗骸发现那些较小种类的恐鳄的，但最大的恐鳄留给我们的只有少量的材料，主要是骨甲和部分头骨。和许多史前巨兽一样，我们对最大个体的描述实际上只是把较小的标本放大。就像正文中指出的，相比过去，现代对恐鳄头骨的还原结果更像是鳄鱼的头部，表现出了更完整的头骨给我们带来的新发现。恐鳄嘴里的鳍状肢属于一只大海龟，这符合我们对其最常见猎物的认知。施维默（2002）为恐鳄的古生物学做了很完善的概述，并为我对该动物的描绘提供了很多信息。

三角龙（白垩纪）

这只三角龙的皮肤有些不寻常（如正文所述），但它已经尽可能以休斯顿自然科学博物馆保存的三角龙皮肤样本为基础。在我写书的时候，这些特征尚未被正式描述，在这些标本的细节得到公开后，图中的一些细节可能就需要修改了。这里角的形状也不典型，但它反映出了记录在三角龙成长过程中的角的形状变化，就像现生动物中角的成长机制一样。角质鞘终生生长，其尖端是角质鞘老的部分，被新沉积的角组织从角骨上推了出来。三角龙中的幼年体有朝上的角，这意味着成年个体的鞘尖可能会向上弯曲。最后形成的角的形状比我们熟悉的要更复杂，但比传统的角具有更佳的防御力（威顿，2018）。

白垩纪–古近纪大灭绝（白垩纪）

复原白垩纪末撞击事件的最大问题在于规模。尽管这是少数具有可描绘的物理现象的灭绝事件之一，但这次撞击事件让最大的生物都显得渺小了，以至于很难表现出本能的反应。图中底部的蜥脚类是泰坦巨龙圣胡安阿拉摩龙（*Alamosaurus sanjuanensis*），它身长30米，但与即将到来的热浪和增高的热柱相比仍显得微不足道。如果这张显示出行星力量的图片没能给您一种死亡迫近的感觉，请记住，波浪并没有以完整的尺寸展现。这里描绘的景象主要参考了舒尔特等人（2010）提供的信息。

冠恐鸟，一种巨型陆生水禽（始新世）

尽管大多数冠恐鸟物种化石都相对零碎，但我们对于美国的冠恐鸟（*Gastornis gigantea*）有相当的了解，并且有细节上的记录（马修、格兰杰和施泰因，1917）。不过，除了一根来自绿河组的巨大羽毛之外，冠恐鸟的软组织几乎完全没在化石中出现，这就是这个属的参考信息了。如果按照这根羽毛的信息，就说明我们应将其羽毛还原得更加整齐一些，而非采用在以往插图中的那种典型的类似平胸类的蓬松羽毛（奈什，2016）。冠恐鸟繁殖行为的材料也难觅其踪，所以我们只能基于雁形目后代早熟的本性来推测它们，并与现生的不会飞的鸟类的繁殖行为作类比。

爪蝠，一种早期蝙蝠（始新世）

完整的爪蝠化石提供了清晰的比例细节，但它从背腹侧被压碎了，使得我们对爪蝠头骨知之甚少（西蒙斯等人，2008）。因此，我根据其他早期翼手目动物的化石和现生巨型蝙蝠的形态创作了爪蝠的面部，它们在解剖学上是类似于始新世蝙蝠的高级版本，但又不及更专精的、使用回声定位的微型蝙蝠。我所选择的姿势表现了许多现代蝙蝠所使用的四足行走模式（如舒特等人，1997）；如果爪蝠在地面上待了很长时间，我们推测它可能往往会采用这种将自己发射出去的策略。

重脚兽与巨型哺乳动物的演化（始新世）

大多数重脚兽物种只有几颗牙齿和颌骨来供人推测其外表，但齐氏重脚兽则拥有基本完整的骨架遗骸和多个头骨，让我们能够了解它们在不同生长阶段的外观。博物馆里装好的骨架和头骨为这幅图提供了很多信息，不过成年个体和幼年个体的头骨形状及纹理的信息来自安德鲁斯（1906）。这个精心描绘的成年重脚兽的角比头骨上显示的要大，但它们与现生动物角质鞘生长的方式是一致的——角质鞘通常会让其下的角骨的长度增加很多。

乔治亚鲸，最后的陆生鲸（始新世）

我们从乔治亚鲸整体的骨架那里收集到了少量骨头，使乔治亚鲸成为了一种可以被有依据地复原的动物，虽然有些解剖特征必须借鉴其他我们了解得更完善的原鲸，比如慈母鲸（*Maiacetus inuus*）。赫尔伯特（1998）和乌亨（2008）的数据是我主要的参考，其他细节摘自马克斯、兰伯特和乌亨（2016）的研究。目前缺少乔治亚鲸的幼崽化石，也就是说这个景象中的幼鲸主要是根据现存或化石的鲸类幼崽的比例和行为做出的推测（金格里奇等人，2009）。它们都有大量的身体脂肪来充实身体。军舰鸟潜入水底的场面参考自这些鸟类的化石，它们出现在美国南部始新世的岩石中。

巨犀，一种巨型犀牛（渐新世）

在上世纪，人们对巨犀的解剖结构有很多种解释，使得复原图有的看起来像等比例放大的犀牛，有的像健壮的长颈鹿。最近的文献似乎在两种极端之间找到了一块中间地带，巨犀的外形类似于一个巨大的、有点像马的生物。正如正文所指出的，我们有充分的理由假设巨犀有一个短短的象鼻。保罗（1997）的骨骼论述是这幅画作主要的解剖学参考，还有一些额外细节来自普罗瑟罗（2013）的研究。

凶齿豨，一种可怕的猪形动物（中新世）

凶齿**豨**的解剖特征和比例都有很好的记录，这很有用——我们可以确认它们的头真的比身子大。美国自然博物馆的一具组装好的骨架为这幅图提供了很多信息，还有一些关于解剖特征、骨骼功能和行为的细节来自约克尔（1990）和桑德尔（1999）的研究。场景中的秃鹫是以北美洲中新世沉积物中发现的伍氏近胡兀鹫（*Anchigyps voorhiesi*）为基础，这些发现表明，尽管对这些旧世界兀鹫（或胡兀鹫）遗骸的认识还不足以绘制精确的复原图，但至少我们知道，它们若不是在晚渐新世，也早在中新世就出现于北美了（张、费都加和詹姆斯，2012）。它们正在吞食月角犀（*Menoceras*）的残骸，后者是一种小型的双角犀牛。

恐象，下巴上长牙的动物（中新世）

恐象完好的骨骼遗骸让我们可以将其基本解剖结构的细节也复原出来，尽管（如正文所述）它的鼻子的长度仍存在一些争议。我在这里遵循了短象鼻的解释，如马尔科夫、斯帕索夫和西门诺维奇（2001）概述的那样。其他艺术家（如安东，2003）认为长鼻子是合理的，因为它们有喝水的需求，这看来似乎同样是复原这种动物的明智的思路。我努力通过这幅图画让恐象的毛发和颜色不像现生大象，毕竟它们虽然在同一条演化线上，但关系并不是特别近。

杀手抹香鲸——利维坦鲸（中新世）

场景中的两种动物都没有在化石中得到很好的表现。人们只能通过头骨和牙齿来了解利维坦鲸，其身体形状和大小仍然留下了很多谜团（兰伯特等人，2010）。在这里，我是根据小抹香鲸和倭抹香鲸来描绘它的，它们似乎比真正的抹香鲸属更能代表早期的抹香鲸形态，因为抹香鲸属的成员有许多派生出来的独特特征。正如文中所指出的，人们对巨齿耳齿鲨的解剖特征了解得很少，即使是复原其腐烂的下巴也需要一定的想象力。

水生树懒——海懒兽（中新世–上新世）

虽然海懒兽是一个相对较新的发现，但对其的了解已经足够让我们来还原它的骨骼。我的复原图主要是根据位于巴黎的国家自然博物馆中组装好的骨架，面部解剖特征是依据巴戈、托莱多和比斯卡伊诺（2006）的工作成果。目前还不清楚海懒兽的软组织结构是如何改变为适应水生生活的。可被看做与海懒兽类似的现代半水生物种在这方面是不同的，尤其是像毛发这样的结构。我复原海懒兽的时候添加了毛发，因为许多半水生动物——熊、水豚、海狸、水獭——都保留了毛发，不过毛发更少的情况也很合理，因为许多适应水环境的哺乳动物——海豹、鲸类、河马等等——皮毛都减少了。本场景中丰富的海藻显示出中新世海藻森林的出现。

草、鬣狗的近亲和马（中新世）

场景中的两种哺乳动物——巨鬣狗和三趾马——的复原都得益于它们各自的完善的骨骼学研究。毛里西奥·安东（2016）对巨鬣狗的复原极大地影响了我。这幅图是书中最血腥的场面，我尝试描绘一个更现实的捕食者—猎物的互动，而不是我们经常在古生物艺术题材作品中看到的那种角斗式的比武。三趾马被开膛破肚的方式是依据了现代鬣狗和大型犬科动物所采用的的追咬战术。这些物种倾向于以侧翼和后肢肌肉为目标锁定猎物，而不是通过战略性地啃咬头部或颈部来瞄定并杀死猎物。

伪齿鸟，最大的飞行鸟类（中新世）

与许多已经灭绝的巨型飞行动物不同，我们对伪齿鸟骨骼结构的认识相对完整，对于其基本的比例有相当的把握（如迈尔和鲁维拉尔-罗赫尔斯，2010；克塞普卡，2014）。然而，我们没能从化石中了解到它的繁殖行为，也无法确认它与现生鸟类的亲缘关系，这意味着我们不能根据其现生近亲对它这方面的生活做出可靠的猜测。我坚持采用这种推测性质的筑巢场景，是因为有太多伪齿鸟的艺术作品已经展示了它们相对平常的行为，比如翱翔或漂浮在水面上，而把这些动物描绘成其他角色——比如父母——会更有趣也更引人遐思。.

巨猿（上新世）

如正文所提到的，化石中很少表现出巨猿的解剖特征，所有的复原——包括我自己的——都是非常投机取巧的。我的想法不过是画一个特别巨大、四足行走的食草猿类，再加上一些猩猩亚科的特征，我承认实际的动物可能看上去完全不同。这幅图中的其他灵长类动物——直立人——化石表现更为明确，包括有显示他们技术水平的样本。

社会性昆虫与巨型亚洲穿山甲（更新世）

巨型亚洲穿山甲并不是一种我们了解得很清楚的化石动物，但现生的穿山甲物种与它在解剖结构上有相似性，为艺术家们提供了一些很好的活生生的参考材料。虽然亲缘关系不是特别接近，但现存的巨地穿山甲（*Smutsia gigantea*）也是一个有用的参考，让我们了解到以穿山甲的解剖结构是如何达到体长2米及以上的。这个场景中的大白蚁丘也是基于现存的化石遗迹点的样本，其表面结构的石化方式不太能对古生物艺术创作有所帮助。

猛犸象（更新世）

这幅图是另一幅《万世》原作的重绘版。奈特的场面更具有攻击性，尼安德特人攻击猛犸象，猛犸象动态地转向攻击者。我的这幅画作试图将尼安德特人更复杂的一面展现出来——他们不仅是纯粹在狩猎大型猎物，也有好奇和自保的本能。由于大量冷冻的猛犸象尸体保存了猛其组织，包括它们的的血红细胞，所以猛犸象是所有灭绝动物中最容易复原的：毛发长度、颜色、耳朵形状、鼻子长度和形态、肩部和头部的隆起，以及其他特征，都可以直接从化石中翻译出来。这些细节现在都是教科书上的知识，但特别值得一提的是，特里迪科等人（2014）的研究表明，猛犸象的毛发掺杂着浅棕色、黄色和苍白的色调，而非无数古生物艺术中统一的棕色或者红色（猛犸象毛发化石中的红色和棕色其实是腐烂的结果，并不能表示它们的色素细胞在体内产生的颜色）。我们对于尼安德特人的骨骼、技术、艺术和遗传学都有很多的了解，可以合理地还原它们的外貌。图中有着红发和苍白皮肤的尼安德特人家族是基于遗传学数据，显示出尼安德特人黑皮肤、黑发的"经典"面貌——由奈特推广的形象——是错误的（拉鲁扎-福克斯等人，2007）。他们的服装是我的推测，但这种描绘符合他们先进的文化和技术。

侏儒巨角龟（更新世）

有几家博物馆展出了宽头小角龟完整的骨架，它的解剖结构在大量专著（加夫尼，1996）中都有完整的记载。这一点，再加上龟的解剖特征记录了鳞片的形态，让我们对这种动物的基本生活形态有了一些把握。目前尚不清楚卷角龟是如何筑巢的，但根据现代海龟的行为，一种合理的推测是：它们会把蛋产在一个简单的坑中，然后再用松软的沉积物覆盖在上面。

恐鸟（全新世）

因为恐鸟是最近才灭绝的，所以它们的遗骸相对丰富，而且质量很高。这使得我们对巨恐鸟的复原十分细致，从它们羽毛的分布到羽毛的颜色。新西兰的恐鸟栖息地在过去的几百年里几乎没有发生改变，艺术家也因此获益。这幅图像有很多信息来源，包括恐鸟骨架和软组织的专题论述（如洛伦斯等人，2013），以及恐鸟的生物学概述（昂斯特和比弗托，2017）。

现代人（全新世）

在这本书中，在创作上最具挑战性的图片就是我们自己的图像。我知道自己不想遵循传统，把人类描绘为穴居艺术家或自然的征服者，因为这些并不比现代世界更重要——我们的iPad、摩天大厦和电视真人秀仍然是地球演化故事的一部分。我决定不把这张图片聚焦于我们自身，而是转向我们生活的一个方面，也就是我们留给这个星球最持久的那项遗产：我们的垃圾。有人可能会认为这会让我们的故事有一个黯淡、讽刺、令人沮丧的结尾，我不得不同意这种评价。但是，我希望这能够发人深省，让它成为一个反思的契机——并且与书的结尾更为阳光的黑雁插图形成恰到好处的色调差。

参考文献

Andrews, C. W. (1906). A descriptive catalogue of the Tertiary Vertebrata of the Fayûm, Egypt. *Publications of the British Museum of Natural History.* London, England: Trustees of the British Museum.

Angst, D., & Buffetaut, E. (2017). *Palaeobiology of giant flightless birds.* London, England: iSTE Press/Elsevier.

Antón, M. (2003). Reconstructing fossil mammals: Strengths and limitations of a methodology. *Palaeontological Association Newsletter, 53,* 55–65.

Antón, M. (2016, January 12). Sabertooth's bane: Introducing *Dinocrocuta. Chasing Sabertooths* [weblog message]. Retrieved from https://chasing sabretooths.wordpress.com/2016/01/12/sabertooths-bane-introducing -dinocrocuta/

Arbour, V. M., & Evans, D. C. (2017). A new ankylosaurine dinosaur from the Judith River Formation of Montana, USA, based on an exceptional skeleton with soft tissue preservation. *Royal Society Open Science, 4*(5), 161086.

Bargo, M. S., Toledo, N., & Vizcaíno, S. F. (2006). Muzzle of South American Pleistocene ground sloths (Xenarthra, Tardigrada). *Journal of Morphology, 267*(2), 248–263.

Bennett, S. C. (2001). The osteology and functional morphology of the Late Cretaceous pterosaur *Pteranodon* Part I. General description of osteology. *Palaeontographica Abteilung A, 260,* 1–112.

Berman, J. C. (2003). A note on the paintings of prehistoric ancestors by Charles R. Knight. *American anthropologist, 105*(1), 143–146.

Boyle, J., & Ryan, M. J. (2017). New information on *Titanichthys* (Placodermi, Arthrodira) from the Cleveland Shale (Upper Devonian) of Ohio, USA. *Journal of Paleontology, 91*(2), 318–336.

Brown, B. (1941). The methods of Walt Disney productions. *Transactions of the New York Academy of Sciences, 3*(Series II), 100–105.

Carroll, R. L. (2009). *The rise of amphibians: 365 million years of evolution.* Baltimore, MD: Johns Hopkins University Press.

Cheng, L., Chen, X.-H., Shang, Q. H., & Wu, X.-C. (2014). A new marine reptile from the Triassic of China, with a highly specialized feeding adaptation. *Naturwissenschaften, 101*(3), 251–259.

Chun, L., Rieppel, O., Long, C., & Fraser, N. C. (2016). The earliest herbivorous marine reptile and its remarkable jaw apparatus. *Science Advances, 2*(5), e1501659.

Clark, C. A. (2008). *God—or gorilla: Images of evolution in the Jazz Age.* Baltimore, MD: Johns Hopkins University Press.

Corbacho, J., & Vela, J. A. (2010). Giant trilobites from lower Ordovician of Morocco. *Batalleria, 15,* 3–34.

Czerkas, S. M., & Glut, D. F. (1982). *Dinosaurs, mammoths, and cavemen: The art of Charles R. Knight.* New York, NY: E. P. Dutton.

Davidson, J. P. (2008). *A history of paleontology illustration.* Bloomington, IN: Indiana University Press.

DeBraga, M. (2003). The postcranial skeleton, phylogenetic position, and probable lifestyle of the Early Triassic reptile *Procolophon trigoniceps. Canadian Journal of Earth Sciences, 40*(4), 527–556.

Erwin, D. H., & Valentine, J. W. (2013). *The Cambrian explosion: The construction of animal biodiversity.* W. H. Freeman.

Ferrón, H. G., Martínez-Pérez, C., & Botella, H. (2017). Ecomorphological inferences in early vertebrates: Reconstructing *Dunkleosteus terrelli* (Arthrodira, Placodermi) caudal fin from palaeoecological data. *PeerJ, 5,* e4081.

Gaffney, E. S. (1996). The postcranial morphology of *Meiolania platyceps* and a review of the Meiolaniidae. *Bulletin of the American Museum of Natural History, 229,* 1–116.

Gingerich, P. D., ul-Haq, M., von Koenigswald, W., Sanders, W. J., Smith, B. H., & Zalmout, I. S. (2009). New protocetid whale from the middle Eocene of Pakistan: Birth on land, precocial development, and sexual dimorphism. *PLoS One, 4*(2), e4366.

Gower, D. J., Hancox, P. J., Botha-Brink, J., Sennikov, A. G., & Butler, R. J. (2014). A new species of Garjainia Ochev, 1958 (Diapsida: Archosauriformes: Erythrosuchidae) from the Early Triassic of South Africa. *PLoS One, 9*(11), e111154.

Harryhausen, R., Dalton, T., & Bradbury, R. (2004). *Ray Harryhausen: An animated life.* New York, NY: Billboard Books.

Hartman, S. (2016). Taking a 21st century look at *Dimetrodon.* Scott Hartman's Skeletal Drawing.com. Retrieved from http://www.skeletaldrawing .com/home/21stcenturydimetrodon

Hulbert, R. C. (1998). Postcranial osteology of the North American middle Eocene protocetid *Georgiacetus.* In J. G. M. Thewissen (Ed.), *The emergence of whales* (pp. 235–267). Boston, MA: Springer.

Hone, D. W., Witton, M. P., & Habib, M. B. (2018). Evidence for the Cretaceous shark *Cretoxyrhina* mantelli feeding on the pterosaur *Pteranodon* from the Niobrara Formation. *PeerJ, 6,* e6031.

Ivantsov, A. Y. (2009). New reconstruction of *Kimberella,* problematic Vendian metazoan. *Paleontological Journal, 43,* 601–611.

Jenkins Jr., F. A., & Parrington, F. R. (1976). The postcranial skeletons of the Triassic mammals *Eozostrodon, Megazostrodon* and *Erythrotherium. Philosophical Transactions of the Royal Society B: Biological Sciences, 273*(926), 387–431.

Jeram, A. J. (1993). Scorpions from the Viséan of East Kirkton, West Lothian, Scotland, with a revision of the infraorder Mesoscorpionina. *Earth and Environmental Science Transactions of The Royal Society of Edinburgh, 84*(3-4), 283–299.

Jiang, D. Y., Motani, R., Huang, J. D., Tintori, A., Hu, Y. C., Rieppel, O., . . . & Zhang, R. (2016). A large aberrant stem ichthyosauriform indicating early rise and demise of ichthyosauromorphs in the wake of the end-Permian extinction. *Scientific Reports, 6,* 26232.

Joeckel, R. M. (1990). A functional interpretation of the masticatory system and paleoecology of entelodonts. *Paleobiology, 16*(4), 459–482.

Keppler, M., Benisty, M., Müller, A., Henning, T., van Boekel, R., Cantalloube, F., . . . & Weber, L. (2018). Discovery of a planetary-mass companion within the gap of the transition disk around PDS 70. *Astronomy & Astrophysics, 617,* A44.

Klug, C., & Lehmann, J. (2015). Soft part anatomy of ammonoids: Reconstructing the animal based on exceptionally preserved specimens and actualistic comparisons. In C. Klug, D. Korn, K. De Baets, I. Kruta, & R. H Mapes (Eds.), *Ammonoid Paleobiology: From anatomy to ecology* (pp. 507–529). Dordrecht, Netherlands: Springer.

Knight, C. R. (1935). *Before the dawn of history.* New York, NY: Whittlesey House, McGraw-Hill.

Knight, C. R. (1946). *Life through the ages.* New York, NY: Alfred A. Knopf.

Knight, C. R. (2001). *Life through the ages: A commemorative edition.* Bloomington, IN: Indiana University Press.

Knight, C. R. (1947). *Animal anatomy and psychology for artists and laymen.* New York, NY: Whittlesey House, McGraw-Hill.

Knight, C. R. (1949). *Prehistoric man, the great adventurer: The saga of man's beginnings in word and picture.* New York, NY: Appleton-Century-Crofts.

Knight, C. R. (1959). *Animal drawing: Anatomy and action for artists.* New York, NY: Dover Publications.

Knight, C. R. (2005). *Charles R. Knight: Autobiography of an artist.* Ann Arbor, MI: G.T. Labs.

Ksepka, D. T. (2014). Flight performance of the largest volant bird. *Proceedings of the National Academy of Sciences, 111*(29), 10624–10629.

Lalueza-Fox, C., Römpler, H., Caramelli, D., Stäubert, C., Catalano, G., Hughes, D., . . . & Hofreiter, M. (2007). A melanocortin 1 receptor allele suggests varying pigmentation among Neanderthals. *Science, 318*(5855), 1453–1455.

Lambert, O., Bianucci, G., Post, K., de Muizon, C., Salas-Gismondi, R., Urbina, M., & Reumer, J. (2010). The giant bite of a new raptorial sperm whale from the Miocene epoch of Peru. *Nature, 466,* 105–108.

Lautenschlager, S., Gill, P., Luo, Z. X., Fagan, M. J., & Rayfield, E. J. (2017). Morphological evolution of the mammalian jaw adductor complex. *Biological Reviews of the Cambridge Philosophical Society, 92*(4), 1910–1940.

Lescaze, Z., & Ford, W. (2017). *Paleoart: Visions of the prehistoric past.* Cologne, Germany: Taschen.

Li, Q., Gao, K. Q., Vinther, J., Shawkey, M. D., Clarke, J. A., D'Alba, L., . . . & Prum, R. O. (2010). Plumage color patterns of an extinct dinosaur. *Science, 327*(5971), 1369–1372.

Lindgren, J., Caldwell, M. W., Konishi, T., & Chiappe, L. M. (2010). Convergent evolution in aquatic tetrapods: Insights from an exceptional fossil mosasaur. *PloS One, 5*(8), e11998.

Lindgren, J., Kaddumi, H. F., & Polcyn, M. J. (2013). Soft tissue preservation in a fossil marine lizard with a bilobed tail fin. *Nature Communications, 4,* no. 2423.

Lindgren, J., Sjövall, P., Carney, R. M., Cincotta, A., Uvdal, P., Hutcheson, S. W., . . . & Godefroit, P. (2015). Molecular composition and ultrastructure of Jurassic paravian feathers. *Scientific Reports, 5,* 13520.9-5.

Long, J. A. (2010). *The rise of fishes: 500 million years of evolution* (2nd ed.). Baltimore, MD: Johns Hopkins University Press.

Luo, Z. X., Yuan, C.-X., Meng, Q.-J., & Ji, Q. (2011). A Jurassic eutherian mammal and divergence of marsupials and placentals. *Nature, 476,* 442–445.

Markov, G. N., Spassov, N., & Simeonovski, V. (2001). A reconstruction of the facial morphology and feeding behaviour of the deinotheres. In G. Cavarretta, P. Gioia, M. Mussi, & M. R. Palombo (Eds.), *The world of elephants: Proceedings of the First International Congress, Rome* (pp. 652–655). Rome, Italy: Consiglio Nazionale delle Ricerche.

Märss, T., Turner, S., & Karatajūtė-Talimaa, V. (2007). "Agnatha" II: Thelodonti. In H.-P. Schultze & O. Kuhn (Eds.), *Handbook of Paleoichthyology* (Vol. 1B). Munich, Germany: Verlag Dr Friedrich Pfeil.

Martill, D. M., Bechly, G., & Loveridge, R. F. (Eds.). (2007). *The Crato fossil beds of Brazil: Window into an ancient world*. Cambridge, England: Cambridge University Press.

Marx, F. G., Lambert, O., & Uhen, M. D. (2016). *Cetacean paleobiology*. Oxford, England: Wiley.

Matthew, W. D., Granger, W., & Stein, W. (1917). The skeleton of *Diatryma*, a gigantic bird from the Lower Eocene of Wyoming. *Bulletin of the American Museum of Natural History, 37*, 307–326.

Mayr, G., & Rubilar-Rogers, D. (2010). Osteology of a new giant bony-toothed bird from the Miocene of Chile, with a revision of the taxonomy of Neogene Pelagornithidae. *Journal of Vertebrate Paleontology, 30*(5), 1313–1330.

McGowan, C., & Motani, R. (2003). Ichthyopterygia. In H. D. Sues (Ed.), *Handbook of Paleoherpetology* (Part 8). Munich, Germany: Verlag Dr. Friedrich Pfeil.

Milner, R. (2012). *Charles R. Knight: The artist who saw through time*. New York, NY: Abrams.

Mohr, B. A., & Eklund, H. (2003). *Araripia florifera*, a magnoliid angiosperm from the Lower Cretaceous Crato Formation (Brazil). *Review of Palaeobotany and Palynology, 126*(3–4), 279–292.

Motani, R., Jiang, D. Y., Chen, G. B., Tintori, A., Rieppel, O., Ji, C., & Huang, J. D. (2015). A basal ichthyosauriform with a short snout from the Lower Triassic of China. *Nature, 517*, 485–488.

Müller, A., Keppler, M., Henning, T., Samland, M., Chauvin, G., Beust, H., . . . & Zurlo, A. (2018). Orbital and atmospheric characterization of the planet within the gap of the PDS 70 transition disk. *Astronomy & Astrophysics, 617*, no. L2.

Naish, D. (2016). Lance Grande's *The lost world of Fossil Lake. Scentific American* Tetrapod Zoology [weblog message]. Retrieved from https://blogs .scientificamerican.com/tetrapod-zoology/lance-grande-s-the-lost-world -of-fossil-lake

Naish, D., & Witton, M. P. (2017). Neck biomechanics indicate that giant Transylvanian azhdarchid pterosaurs were short-necked arch predators. *PeerJ, 5*, e2908.

Nasterlack, T., Canoville, A., & Chinsamy, A. (2012). New insights into the biology of the Permian genus *Cistecephalus* (Therapsida, Dicynodontia). *Journal of Vertebrate Paleontology, 32*(6), 1396–1410.

Paul, G. S. (1996). The art of Charles R. Knight. *Scientific American, 274*(6), 86–93.

Paul, G. S. (1997). Dinosaur models: The good, the bad, and using them to estimate the mass of dinosaurs. In D. L. Wolberg, E. Stump, & G. D. Rosenberg (Eds.), *DinoFest International Proceedings* (pp. 129–154). Philadelphia, PA: Academy of Natural Sciences.

Paul, G. S. (2016). *The Princeton field guide to dinosaurs* (2nd ed.). Princeton, NJ: Princeton University Press.

Pinheiro, F. L., França, M. A., Lacerda, M. B., Butler, R. J., & Schultz, C. L. (2016). An exceptional fossil skull from South America and the origins of the archosauriform radiation. *Scientific Reports, 6*, 22817.

Prothero, D. R. (2013). *Rhinoceros giants: The paleobiology of Indricotheres*. Bloomington, IN: Indiana University Press.

Rawlence, N. J., Wood, J. R., Scofield, R. P., Fraser, C., & Tennyson, A. J. (2013). Soft-tissue specimens from pre-European extinct birds of New Zealand. *Journal of the Royal Society of New Zealand, 43*(3), 154–181.

Regal, B. (2002). *Henry Fairfield Osborn: Race and the search for the origins of man*. Oxfordshire, England: Routledge.

Saitta, E. T., Gelernter, R., & Vinther, J. (2017). Additional information on the primitive contour and wing feathering of paravian dinosaurs. *Palaeontology, 61*, 273–288.

Schulte, P., Alegret, L., Arenillas, I., Arz, J. A., Barton, P. J., Bown, P. R., . . . & Willumsen, P.S. (2010). The Chicxulub asteroid impact and mass extinction at the Cretaceous-Paleogene boundary. *Science, 327*(5970), 1214–1218.

Schutt, W. A., Altenbach, J. S., Chang, Y. H., Cullinane, D. M., Hermanson, J. W., Muradali, F., & Bertram, J. E. (1997). The dynamics of flight-initiating jumps in the common vampire bat *Desmodus rotundus. Journal of Experimental Biology, 200*(Pt. 23), 3003–3012.

Schwimmer, D. R. (2002). *King of the crocodylians: The paleobiology of* Deinosuchus. Bloomington, IN: Indiana University Press.

Sennikov, A. G. (2008). Archosauromorpha. In M. F. Ivakhnenko & E. N. Kurochkin (Eds.). *Fossil vertebrates of Russia and adjacent countries: Fossil reptiles and birds Part 1* (pp 266–318). Moscow, Russia: Russian Academy of Sciences Paleontological Institute.

Shimada, K. (1997). Skeletal anatomy of the Late Cretaceous lamniform shark, *Cretoxyrhina mantelli* from the Niobrara Chalk in Kansas. *Journal of Vertebrate Paleontology, 17*(4), 642–652.

Simmons, N. B., Seymour, K. L., Habersetzer, J., & Gunnell, G. F. (2008). Primitive Early Eocene bat from Wyoming and the evolution of flight and echolocation. *Nature, 451*, 818–821.

Sommer, M. (2016). *History within: The science, culture, and politics of bones, organisms, and molecules.* Chicago, IL: University of Chicago Press.

Stout, W. (2002). *Charles R. Knight sketchbook* (Vol. 1). Cambridge, MA: Terra Nova Press.

Stovall, J. W., Price, L. I., & Romer, A. S. (1966). The postcranial skeleton of the giant Permian pelycosaur *Cotylorhynchus romeri. Bulletin of the Museum of Comparative Zoology, 135*(1), 1–30.

Sundell, K. A. (1999). Taphonomy of a multiple *Poebrotherium* kill site—An *Archaeotherium* meat cache. *Journal of Vertebrate Paleontology, 19*(3), 79A.

Sweetman, S. C., Smith, G., & Martill, D. M. (2017). Highly derived eutherian mammals from the earliest Cretaceous of southern Britain. *Acta Palaeontologica Polonica, 62*(4), 657–665.

Tapanila, L., Pruitt, J., Pradel, A., Wilga, C. D., Ramsay, J. B., Schlader, R., & Didier, D. A. (2013). Jaws for a spiral-tooth whorl: CT images reveal novel adaptation and phylogeny in fossil *Helicoprion. Biology Letters, 9*(2), 20130057.

Taylor, M. P., Wedel, M. J., Naish, D., & Engh, B. (2015). Were the necks of *Apatosaurus* and *Brontosaurus* adapted for combat? *PeerJ PrePrints, 3*, e1663.

Tridico, S. R., Rigby, P., Kirkbride, K. P., Haile, J., & Bunce, M. (2014). Megafaunal split ends: Microscopical characterisation of hair structure and function in extinct woolly mammoth and woolly rhino. *Quaternary Science Reviews, 83*, 68–75.

Uhen, M. D. (2008). New protocetid whales from Alabama and Mississippi, and a new cetacean clade, Pelagiceti. *Journal of Vertebrate Paleontology, 28*(3), 589–593.

Wendruff, A. J., & Wilson, M. V. (2012). A fork-tailed coelacanth, *Rebellatrix divaricerca*, gen. et sp. nov. (Actinistia, Rebellatricidae, fam. nov.), from the Lower Triassic of Western Canada. *Journal of Vertebrate Paleontology, 32*(3), 499–511.

Witton, M. P. (2018). *The palaeoartist's handbook: Recreating prehistoric animals in art.* Marlborough, Wiltshire, England: Crowood Press.

Witton, M. P., & Habib, M. B. (2010). On the size and flight diversity of giant pterosaurs, the use of birds as pterosaur analogues and comments on pterosaur flightlessness. *PloS One, 5*(11), e13982.

Witton, M. P., & Naish, D. (2008). A reappraisal of azhdarchid pterosaur functional morphology and paleoecology. *PLoS One, 3*(5), e2271.

Xu, X., Wang, K., Zhang, K., Ma, Q., Xing, L., Sullivan, C., . . . & Wang, S. (2012). A gigantic feathered dinosaur from the Lower Cretaceous of China. *Nature, 484*, 92–95.

Zhang, Z., Feduccia, A., & James, H. F. (2012). A late Miocene accipitrid (Aves: Accipitriformes) from Nebraska and its implications for the divergence of Old World vultures. *PLoS One, 7*(11), e48842.

马克·P.威顿是一位古脊椎动物学家，是古生物纪录片的技术顾问，也是古生物艺术家、平面设计师、作家。他的书包括《古生物艺术家手册：在艺术中重现史前动物》和《翼龙：自然史、演化与解剖》。他住在英国的朴茨茅斯，与九只四足动物一起生活：两只蜥蜴、一条蛇、四只鸡、一只狗，以及一位受苦多年、极具耐心的妻子。